高等院校艺术学门类"十四五"系列教材

包装容器造型设计

BAOZHUANG RONGQI ZAOXING SHEJI

主　编　曹世峰

副主编　李佳龙　胡　珍　刘　璞　彭娅菲　许　磊

参　编　王　芳　喻　荣　黄　菁　梁　黎　杨梦珊
朱　旋　吕凯悦　曾　希　黄炜琦　佘慧兰
罗　竹　陈俊莉　屈　杰　陈智慧

華中科技大學出版社
http://www.hustp.com
中国·武汉

内容简介

本书包含八章内容，分别为包装容器设计概论、包装容器的历史沿革、包装的品牌策略与容器设计形式、包装容器造型设计常用材料、纸包装容器造型设计、硬质包装容器造型设计、包装容器的设计流程及作品欣赏。全书从包装容器设计的概念开始阐述什么是包装容器造型设计，再从包装容器的历史沿革、包装的品牌策略、容器设计形式、包装容器造型设计常用材料、包装容器设计方法及流程等方面来使读者全面、深入了解和掌握包装容器造型设计的步骤、方式及操作技巧，最后结合包装容器造型设计综合案例进行深入讲解。

本书既有理论知识，又有实践案例操作，适合用于包装容器造型、商品包装设计等包装设计领域学习，可作为高等院校视觉传达设计、工业设计、产品设计、广告设计与制作等相关专业的教材，也可作为相关从业设计者、研究者的参考工具书。

图书在版编目（CIP）数据

包装容器造型设计 / 曹世峰主编 .—武汉：华中科技大学出版社，2022.7（2025.1重印）
ISBN 978-7-5680-8436-9

Ⅰ.①包… Ⅱ.①曹… Ⅲ.①包装容器 - 造型设计 Ⅳ.① TB482.2

中国版本图书馆 CIP 数据核字（2022）第 102481 号

包装容器造型设计
Baozhuang Rongqi Zaoxing Sheji

曹世峰　主编

策划编辑：彭中军
责任编辑：刘姝甜
封面设计：孢　子
责任监印：朱　玢
出版发行：华中科技大学出版社（中国·武汉）　　电话：（027）81321913
武汉市东湖新技术开发区华工科技园　　邮编：430223
录　　排：武汉创易图文工作室
印　　刷：武汉市洪林印务有限公司
开　　本：880 mm × 1230 mm　1/16
印　　张：9
字　　数：206 千字
版　　次：2025 年 1 月第 1 版第 2 次印刷
定　　价：59.00 元

前言

随着科学技术的快速发展，我们的生活方式与消费模式发生了很大的变化，作为商品外在体现、商品附属物的商品包装容器造型设计应紧跟时代发展的脚步，不断地推陈出新，来适应市场经济中包装行业的升级换代与产业转型。包装容器造型系统化、人性化、市场化、绿色化、信息化、智能化的设计理念必须与当今时代的科学技术进行恰当的融合与碰撞，才能极大地凸显和提升商品的附加值，才能将包装容器造型设计带入多元化、智能化与交互化发展的新时代，提升商品的商业价值和市场认同度。此外，包装容器造型设计的普及和商品包装的精细化趋势，需要设计者更全面地了解和掌握包装容器造型设计原理与技术。为此，编者编写了此书。

全书由八章组成。第一章对包装容器的含义、功能、造型设计应具备的特点及造型分类做了详细的讲解，让读者能对包装容器造型设计的原理有宏观的认知；第二章以包装容器的历史沿革讲解为重点，以包装容器造型设计历史发展流程为线索，从原始包装的特点到未来包装容器造型的发展趋势进行剖析，并提供详细案例供读者学习；第三章以包装的品牌策略与容器设计形式为讲解重点，从包装设计与品牌策略、品牌包装容器造型设计形式切入，融合讲解了包装容器的可持续性设计，通过案例详尽解析了品牌包装策略与容器设计的特点与制作方法；第四章以包装容器造型设计常用材料为重心进行讲解，对纸、塑料、金属、玻璃、陶瓷、木材及其他材料进行剖析并供读者进行实践；第五章和第六章以包装容器造型设计作为重点来进行讲解，分别从纸包装容器造型设计及硬质包装容器造型设计两个板块对包装容器造型设计进行详细讲解，并结合不同的优秀设计讲解包装容器造型设计方法、步骤及包装容器模型制作的方式；第七章和第八章以包装容器的设计流程为重点对设计立项、策划、设计及生产各个阶段的知识点及实践方式进行剖析，并对优秀作品进行展示。

本书尽量做到语言简洁、案例翔实，可以作为高等院校视觉传达设计、数字媒体艺术、工业设计、产品设计、广告设计与制作等相关专业的包装容器造型、包装设计等课程的教学用书，也可以作为包装容器造型设计爱好者等自学的参考读物，可帮助读者熟悉包装设计与制作及包装容器造型设计的创意设计流程，使其尽快掌握商品包装容器造型设计的技能和设计方法。

在此，感谢武昌理工学院领导在该教材编写过程中给予的大力支持与帮助，感谢武昌理工学院艺术设计学院及其他院系多名教辅人员参与编辑及章节内容校对。另外，本书涉及较多设计案例，在此对案例的设计者表示感谢，因为数量颇多，如标注有错漏，还请谅解并联系编者，编者将进行有针对性的调整，并不断完善。

由于包装容器造型设计仍处在一个发展变化的过程中，其中涉及的专业内容繁多，书中难免出现纰漏和不足，敬请各位读者批评与指正。

目录

第一章
包装容器设计概论

当今世界经济发展迅猛，国际商品市场竞争日趋激烈，特别是超级市场在全球的普及，使得各种商品不但需要依靠包装来传达信息、方便储运与消费、能动地推销商品，还需要依靠包装赋予商品更深的文化内涵以增强竞争力。包装已经成为人类生产与生活不可缺少的部分，其沟通生产与消费的桥梁作用，更使其成为影响世界经济整体发展的重要因素。

随着时代的发展，包装所涵盖的意义范围也在不断地扩大，可以说，每个人都在不同程度地应用包装和参与包装活动。因此，我们有必要从理论上进行探索，深刻地认识包装学科的本质与规律，树立正确的包装观念，应用现代高新科技推动我国包装业与市场经济的同步发展，发挥包装技术在国民经济中的积极作用。

第一节　包装容器的含义

下面主要从包装的定义来看包装容器的含义。

包装是一门综合性学科，既受材料学、数学、物理学、化学、生物学等自然科学理论方法的指导，又受到政治经济学、美学、心理学等社会科学的影响。现代包装不是广义上的“美术装潢”，也不是单纯的“平面设计”。

对于“包装”一词，从字面意思来看，“包”即包裹，“装”即装饰，“包装”可理解为包裹、包扎、安装、填放及装饰、装潢之意。在不同的历史时期，包装的具体功能和内涵也不尽相同。早期人们普遍认为包装就是容纳、保护商品的手段与容器，我国《现代汉语词典》中对“包装”的解释是：①在商品外面用纸包裹或把商品装进纸盒、瓶子等；②指包装商品的东西，如纸、盒子、瓶子等。世界各国及相关组织对包装虽然有不同的表述和理解，但基本意思是一致的，都以包装功能和作用为其核心内容，认为包装是盛装商品的容器、材料及辅助物品，也即包装物，同时也可指实施盛装和封缄、包扎等的技术活动。

以下列举了一些国家对包装的不同定义。

我国2008年发布的《包装术语　第1部分：基础》（GB/T 4122.1—2008）中对“包装”的定义是：为在流通过程中保护产品，方便储运，促进销售，按一定技术方法而采用的容器、材料和辅助物等的总体名称；也指为了达到上述目的而在采用容器、材料和辅助物的过程中施加一定方法等的操作活动。这里明确地将“包装”定义为表示一类事物的名词以及表示一类操作活动的动词。

美国零售包装协会对“包装”的定义是：使用适当的材料、容器，配合适当的技术，使产品安全地到达目的地，并以合适的成本，便于商品的运输、配销、储存和销售而实施的准备工作。

英国标准协会对“包装”的定义是：为货物的存储、运输、销售所做的技术、艺术上的准备。

日本工业标准（JIS）中对“包装”的定义是：使用适当的材料、容器等技术，便于物品的运输，保护物品的价值，保持物品原有的形态的形式。

加拿大包装协会对“包装”的定义是：将产品由供应者送达顾客或消费者，而能保持产品完好状态的工具。

包装容器一般是指，在商品流通过程中，为了保护商品、方便储存、利于运输、促进销售、防止环境污染和预防安全事故，按一定技术规范而使用的包装器具、材料及其他辅助物等的总体名称。“包装”作为名词时，意义同“包装容器”。

包装容器示例如图 1–1 和图 1–2 所示。

图 1–1　纸袋包装容器

图 1–2　纸盒包装容器

第二节　包装容器的功能

包装容器的功能就是包装设计的价值所在，使包装容器具有更多的功能也是包装容器设计的基本目的。人们普遍认为，包装容器有 3 个方面功能，即保护功能、方便功能和审美促销功能。

一、保护功能

包装容器的保护功能包括保护产品的内容、形态、质量、性能，保护消费者安全地使用产品以及保护人类的生存环境等。

保护产品的内容、形态、质量、性能是指针对不同性质和不同形态的产品，利用恰当的材料、容器与包装防护技术手段，避免使产品在流通过程中遇到损害，以保持产品的质量、性能与价值。一个产品从被包装开始，需要经过一系列的储存、装卸、运输、批发、展示、销售、使用等环节，因而，包装容器必须根据具体产品的不同性质、形态、用途、流通周期与消费环境等要素进行有针对性的保护功能设计。例如，部分酒产品本身价格昂贵，酒精含量较高，具有较强的挥发性，并且人们饮用时还希望能够控制流量，所以酒瓶设计大多采用化学稳定性较强的玻璃材料制作，整体瓶形优美大方，酒瓶细颈小口造型及具有破坏型防伪功能的封口设计都针对了酒产品的特点，既能防止酒产品挥发又方便人们将其倾倒入酒杯。

二、方便功能

包装容器是商品的载体，帮助商品进入流通市场与消费环节，所以包装容器设计必须体现方便功能，即考虑到人在商品流通过程中与包装件的相互协调适应关系。生产者、搬运者、保管者、销售者、管理者在各自的立场上，都要求包装具有方便性以及提高时效与应用效果。包装容器设计中体现方便性，也是企业展现经营文化理念、社会责任感和良好社会形象的机会。方便功能虽然可能增加部分包装的生产成本，但由于给消费者带来了方便，其必将会为生产企业增加经济效益。

方便功能具体体现在：

（1）便于搬运装卸。考虑包装适当的单位重量、规格尺寸、形状等因素，以适应人工或机械自动化装运、堆码、识别、保管等。方便堆码的包装容器如图 1-3 所示。

图 1-3　方便堆码的包装容器

（2）方便包装件制作、产品装填、封合、贴标等。

（3）方便仓储保管与商品信息识别。

（4）方便商店货架陈列展示与销售。方便陈列展示的包装容器如图 1-4 所示。

（5）方便消费者携带、开启、取用、还原、保存等。方便携带取用的包装容器如图 1-5 所示。

（6）方便包装废弃物回收处理。

三、审美促销功能

从审美的角度上讲，包装的发展过程蕴含了人类在文化生活中对美的追求。每一个国家或民族在不同的历史时期，其科技水平、审美爱好和社会习俗会不同，这都影响着包装设计的风格与特色。所以，包装设计理念必须与某种特定的审美文化相联系，与适应时代的设计形式相融合，依赖某种具体的造型方法来实现审美的物化，成为表现产品形象和实现精神审美的载体。

图 1–4　方便陈列展示的包装容器

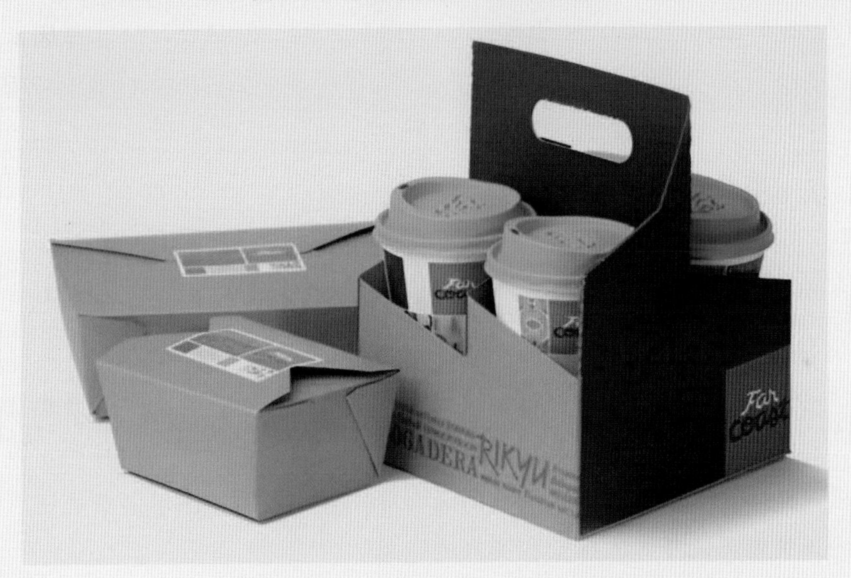

图 1–5　方便携带取用的包装容器

通过包装，可美化和塑造商品形象，吸引顾客注意，准确迅速地传达商品信息，唤起顾客对商品的信任感和心理满足感，起到现场销售宣传、诱导消费和增加附加值的作用。包装设计传达出的不单单是物质享受信息，更多的是消费者的生活信念和对美的追求，这种审美体现能够或明显或隐晦地使消费者与产品之间产生一种体验关系，并且努力使这种体验关系长时间地感染消费者，并试图与消费者建立一种牢固的品牌忠诚关系，从而诱导潜在的消费行为。这种审美促销功能的体现不是在单一方面的，而是一个整体的概念，可以通过包装的加工工艺、制作材料和造型设计的有机结合而彰显出来，如图 1–6 和图 1–7 所示。

图 1-6 通过造型设计体现审美促销功能的包装容器设计

图 1-7 通过制作材料体现审美促销功能的包装容器设计

第三节 包装容器造型设计应具备的特点

进行包装容器造型设计，应关注以下几方面特点。

一、新颖性

随着消费市场的日趋成熟，人们开始对生活资料有了更高要求。新颖的包装容器设计可以使产品形象与同类产品相比更加突出，个性更加鲜明，有利于提升企业活力和建立品牌形象，也更符合消费者的审美观念和消费心理。为了达到这样的目的，设计师需要了解市场需求，充分考虑产品使用群体的消费心理，最大限度地满足消费者追求产品新颖性的需求，给消费者带来新鲜的感觉和美好的印象。

二、经济性

当前市场竞争异常激烈，成本作为极具影响力的一个因素牵动着商家的神经，降低包装容器运营成本成为企业取得竞争优势的重要手段之一。特别是在现代的销售包装中，很多环节都直接关系到商品生产成本与市场经济效益，例如，开模、材料选用、造型、结构设计、贴标、灌装、封口、外包装、运输、堆码、回收等环节都应进行价值工程分析与经济成本核算，控制成本是绝不可忽视的设计原则。

当然，也有例外。因为部分产品利润较大，人为造假、粗制滥造比较猖獗，所以，为了达到防伪的目的，生产这些产品的企业可能会追求高成本的包装制作，以保护品牌健康发展为诉求。例如，高档香水和酒产品的包装容器多采用异型设计，这类商品的包装造型复杂，技术工艺高端，模具制作困难，废弃的包装容器不能回收灌装，其制作成本相对高昂；但是这类商品包装设计有自己的独特性，与仿冒危害相比，采用高成本的造型方法和高端工艺技术更符合高档产品行业的特点，维持良好的品牌形象是销售此类商品的商家更关心的问题，所以对于这类包装容器而言，其造型的美学追求与实际成本之间的平衡关系相当特殊。体现防伪性特点的包装设计如图 1–8 所示。

三、环保性

随着人们环保意识的逐渐增强，伴随着绿色产业、绿色消费而出现的以绿色概念为主打的绿色包装经营方式成为企业营销的主流之一。绿色包装是指无害、无污染、符合环境保护要求的各类包装物品，包括环境保护和资源再生两方面含义。绿色包装设计是指在包装设计阶段减少包装材料消耗，或尽量选用可再生的材料，使设计出的包装容器可回收再利用，包装材料可回收循环使用或具有可降解性，以实现不污染环境、使用安全、经济耐用的效果。例如，在进行包装设计时，使用再生纸、再生玻璃以及再生塑料等可回收材料和可再生材料，并通过设计改善材料外观，研究分析各种再生材料所具有的特质，表现各种再生材料独特的美感，重视采用环保再生材料，并将包装尽可能地简化，营造出自然、简约、质朴的感觉，都属于绿色包装设计。

体现环保性特点的包装容器设计如图 1–9 所示。

图 1–8 体现防伪性特点的包装设计

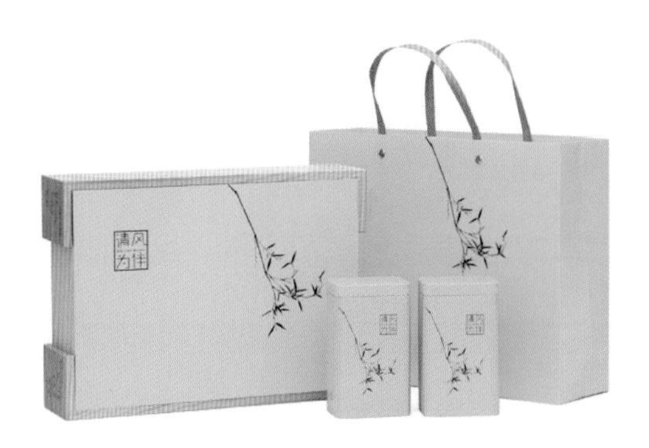

图 1–9 体现环保性特点的包装容器设计

按照中国包装联合会设计委员会针对优秀包装设计评比所制定的规定，礼品包装的材料成本应控制在该礼品生产成本的 30% 以内，低档或普通礼品包装的材料成本可控制在该礼品生产成本的 3% 以内。这个规定也为我国绿色包装容器设计提供了基本依据。设计师应以资源的高效利用和循环利用为核心，以“减量化、再利用、资源化”为原则，力求符合可持续发展理念的经济增长模式，对“大量生产、大量消费、大量废弃”的传统模式进行根本变革。无公害绿色设计的时代已经来临，采用绿色设计有利于我国包装技术和国际包装技术标准接轨，有利于实现产品销售的国际化。

四、适用性

适用性是实用原则的提升与细化。仅具有实用性的产品已经不能满足当前各种消费层次的不同需求，进行精细化的适用设计势在必行。适用性已成为现代产品与包装容器设计至关重要的原则之一。

包装设计师在进行包装整体设计之前，应该考虑包装容器造型、结构、体积与制作材料的适用问题，以适应商品在流通过程中可能遇到的各种外界破坏。如果一味追求包装容器造型的形式美，而忽视了产品本身的特点因素，就会造成产品包装不适用的问题，进而引起不良的连锁反应。例如，使用不适当的包装材料所造成的包装强度过剩问题在发达国家就尤为突出。日本一项调查结果显示，在发达国家，强度过剩的包装数量约占所有包装的 20% 以上。

包装容器设计是产品特色与艺术理念相结合的产物，其设计理念代表了某种艺术风格，以适应人们不断提升的对物质文化生活的个性化时代需求。包装容器设计受到时代背景、地域文化、风俗习惯、民族特色以及设计师设计理念的制约，还要考虑消费者个人修养、经济水平、文化背景、职业、年龄和性别等因素，所以包装容器设计必须根据特定消费群体特点进行定位，从而引起持相同艺术审美观念的消费人群的注意，激发消费者的兴趣需求和购买动机。

体现产品特色的包装容器设计如图 1–10 所示。体现适用性特点的包装容器设计如图 1–11 所示。

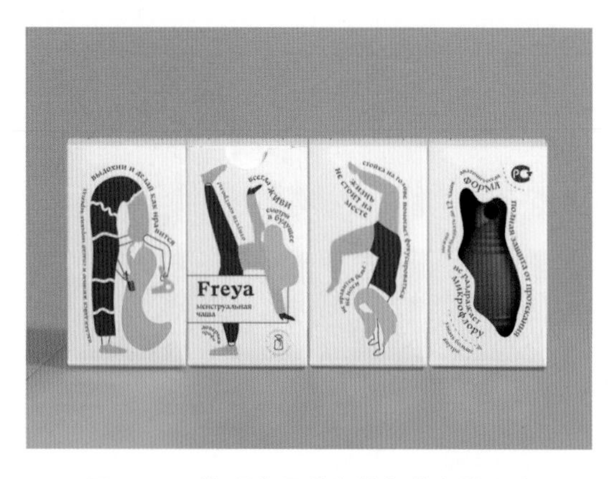

图 1–10　体现产品特色的包装容器设计

图 1–11　体现适用性特点的包装容器设计

五、安全性

安全性是现代产品开发与包装容器设计的重要原则之一。易残留或含带有害成分的包装材料绝对禁止选用。多年来，消费者对不同的包装材料的卫生安全信任程度各不相同。对于某些硬质包装容器，更是不仅要保证产品在流通中的安全，因其构成材料刚性和硬度较高，还要保证容器造型不存在过于锐利的尖角，以免给消费者或使用者造成安全隐患。同时，关于内装物的使用方法或储存方式等信息，也应当出现在包装容器的适当位置，以提醒消费者安全正确地使用产品。例如，剧毒产品的包装上应鲜明地印有两根枯骨和一个骷髅头，并在一旁注明“剧毒品”等字样，意在警示包装容器里的产品属于危险类的物质。

为了避免种种安全隐患的出现，必须从包装容器的选材、造型、结构、信息传达等角度贯彻安全原则，保护消费者的利益，以防给人身健康或流通环境造成损害或破坏。

第四节　包装容器造型的分类

包装容器的种类繁多，品种复杂，根据商品生产和管理的要求，可以从不同的角度进行分类。

一、按包装的主要功能分类

包装容器可分为周转包装、运输包装、销售包装、礼品包装、集装化包装等几大类。

周转包装是指在生产与销售环节反复使用的箱、桶、袋、筐等包装容器，是介于器具和运输包装之间的一类容器，实质上是一类反复使用的转运器具。

运输包装是指以保护物品安全流通、方便储运为主要功能及目的的包装，如石油桶，各类商品出厂转运的外包装，重型机械产品包装，水泥、化肥包装等。

销售包装是指直接进入商店陈列销售，与商品一起到达消费者手中的商品包装。小至火柴、糖果、药品、香烟等的外包装，大至集销售与运输功能为一体的电冰箱、洗衣机、电视机的外包装，都属于销售包装。

礼品包装是指装饰馈赠亲友的礼物、以表达情意为主要目的的包装，如图 1-12 所示。厂家在生产礼品的同时配装的各类礼品包装（如中秋节、端午节、生日礼品包装等）实际上是销售包装中特殊的一类，也可作为礼品包装。除此以外，礼品包装还包括商场和礼品店配备的礼品盒、礼品袋或包裹捆扎礼品的装饰材料与花结、丝带，企事业单位用于庆典或业务往来的馈赠性的礼品外包装，国家或政府部门要员出访、外交时按礼节需要馈赠而使用的礼品特制包装。用于不同场合的礼品包装在功能设计上有不同的侧重和要求。

图 1-12 礼品包装

集装化包装也称为集合包装，是适应现代机械自动化装运，将若干包装件或物品集中装在一起形成一个大型搬运单位的巨型包装，例如集装箱、集装架、集装袋、托盘包装等。这是介于包装和运输工具之间的一类包装与装运方式，是运输行业与包装行业共同研究的课题。

另外，还有对易燃、易爆、易烂、易损等物品进行的包装和其他功能性的包装。上述的周转包装与集装化包装的界定具有模糊性，一般来说，周转包装与集装化包装实质都是重复应用的转运或运输的器具。包装设计专业研究的对象，主要是销售包装以及部分运输包装。

二、按材料分类

包装容器可按材料分为以下几类。

（1）纸包装类，如包装纸、纸袋、纸盒、纸箱、纸桶、纸浆模塑包装等。

（2）塑料包装，如各种塑料膜、塑料袋、塑料瓶、塑料盒、塑料箱等包装容器。

（3）金属包装，如钢桶、马口铁罐、铝合金易拉罐、金属软管包装、铝箱、铝袋等。

（4）木材包装，如木箱、木桶、木盒以及大型机械产品的木材框架包装等。

（5）陶瓷、玻璃包装，如陶瓷瓶罐、玻璃瓶罐等。

（6）复合材料包装，如由纸塑复合材料、纸与塑膜、金属箔复合材料等制作而成的食品软包装、药品包装、化妆品包装等。

（7）棉、麻、布、竹、皮革、藤草等其他材料包装。

三、按包装的构造分类

包装容器可按构造分为以下几类。

（1）构架型包装。此类包装多以木质包装箱为主，可分为框架型和桁架型。框架型包装包括钉板箱和木托盘等；桁架型包装包括条板箱和集装架等。

（2）面板型包装。此类包装多以纸质包装和厚塑料包装为主，可分为平板型和楞板型。平板型包装包括纸盒和塑料盒等；楞板型包装包括瓦楞纸箱和蜂窝纸箱等。面板型包装如图 1-13 所示。

（3）薄壳型包装。此类包装多以金属包装和薄塑料包装为主，可分为罐型和桶型。罐型包装包括饮料罐、塑料瓶及玻璃瓶等；桶型包装包括钢桶及塑料桶等。薄壳型包装如图 1-14 所示。

（4）柔性包装。此类包装主要是以软、半软包装和集装袋形式为主，例如塑料袋、纸袋、编织袋等。柔性包装如图 1-15 所示。

图 1-13　面板型包装

图 1-14　薄壳型包装

图 1-15　柔性包装

四、按包装的内外关系或大小分类

包装容器可按内外关系或大小分为以下几类。

（1）小包装，又称一次包装或内包装，指对小型单件产品或小型产品的基本组合单位所进行的包装，如牙膏、香皂、香烟、火柴、钢针的内包装等。

（2）中包装，也称二次包装，如香烟的条包包装，瓷器配套包装中的杯、碟、碗、盘等的单项配套包装等。

（3）外包装，也称三次包装或大包装，大多附带产品信息，为最外层的运输包装。

五、按包装的技术特点分类

按包装的技术特点分类，有真空包装、真空充气包装、灭菌包装、缓冲防震包装、防虫包装、防水包装、遮光包装、耐热包装、冷冻包装、防漏气包装、防盗包装、防伪包装、危险品包装（易燃、易爆、放射性产品包装）等。

六、按包装的内容分类

按包装的内容分类，类型很多，如以商品的大类分，有食品包装、农副产品包装、日用化工产品包装、家用电器产品包装、医药包装、文化用品包装、纺织品包装等。

七、其他的分类方式

包装容器还可以从工商业管理的角度分为内销包装与外销包装；从包装的材质状态角度分为软包装、硬包装与中性包装；从包装的产业性质角度分为工业包装、商业包装、特殊包装等。

总之，包装分类没有固定的模式，是根据商品生产和包装管理的实际需要从不同角度相对而定的。

课后习题

1. 明确包装的定义，正确区分日常器皿与包装。
2. 了解包装的主要功能和特点，为日后包装设计提供理论基础。
3. 认识包装不同的分类方法。

第二章
包装容器的历史沿革

虽然“包装”这一词语概念是20世纪才形成的，但人类使用包装容器的历史却可以追溯到远古时期，早在原始社会后期，人们就已经开始实施原始的包装行为。包装是一个古老而现代的话题，在漫长的历史长河中，每一项科技发明及每一次社会变革、生产力提高以及人们生活方式的变化，都对包装的功能和形态产生了很大的影响与促进。任何事物都有它独特的发展轨迹，了解包装的发展与演变，对今天的包装设计工作具有非常重大的现实意义。

我们把包装的发展历史大致分为原始包装、古代包装、近代包装和现代包装这四个基本阶段。

第一节　原始包装的特点

原始包装阶段也是包装的萌芽阶段。在原始社会，人类的生产力十分低下，仅能依靠双手和简单的工具采集野生植物、捕鱼或狩猎以维持生存。在漫长的岁月里，人类逐渐学会了利用植物的叶、树皮、果壳、贝壳、兽皮等作为盛装容器来转移或储存食物。在他们对自然事物有了一定的认知后，或许也受到偶然事件的启发，他们学会采用藤条、植物纤维捆扎猎物，或者使用藤条编制成管篓等容器，甚至在原始的编织容器上敷泥，然后用火煅烧成陶泥罐或陶泥坛。包装的起源，就是原始社会人类为了生活，在劳动过程中制作的容纳和转移生活资料的容器。

原始包装——原始灰陶和原始彩陶如图 2-1 和图 2-2 所示。

图 2-1　原始灰陶

图 2-2　原始彩陶

根据现代包装的概念来理解，这种原始包装容器并不能算作真正意义上的包装，但它具备了包装的一些基本功能，例如保护物品、方便使用和携带等。原始包装的发展是基于人类对自然资源的认识、选择、利用和简单的处理加工的。由此可见，为收集、转移、储存、分发物资而选择采用适当的材料或可容物，对物资进行包裹、捆扎、容纳等方式的加工处理，就是原始的包装。

原始包装具有就地取材、加工简单、造型粗犷、目的性强、成本低廉、回归自然等特点，其中部分包装形式沿袭至今，与现代包装共存。例如，竹筒、葫芦、椰壳、草绳、竹叶等天然包装容器与材料等，在我国一直使用至今，因其不可取代的天然特色，仍广泛应用于民间。同时，原始包装由于受到天然材料与加工技术条件的局限，只限于小批量物资和短途的转运应用。

原始包装的应用如图 2-3 和图 2-4 所示。

图 2-3 草绳捆扎瓷器

图 2-4 竹叶制作茶饼包

第二节 古代包装的特点

在原始社会后期、奴隶社会和封建社会三种社会制度条件下都存在古代包装。在这漫长的时间跨度内，人类文明有了多方面的进步，生产资料的发展、社会分工的形成、生产力的提高都使得社会上的剩余商品越来越多。商品包装是与人类商品交换活动同步发展的。各种剩余商品不仅需要就地盛装，就近转移，还需要经过包装捆扎后运往更远处的集市进行交易，随着交易活动的发展及逐步扩大，原始包装早已不能满足需要了，人们就开始手工制作包装件。由此，手工业生产随着商业的繁荣发展，开始从农业中分化出来，形成独特的产业。

限于农业社会自由经济的背景，手工业时代的包装集设计、制作与销售于一体，分工不明，古代包装尚无条件形成独立的行业。所谓古代包装的设计与生产加工，实则从属于各类商品的制造加工、保护储存、转运流通技术和工艺美术。古代人们用葫芦、斗方包、竹壳等创造了形形色色的包、袋、筐、篓、罐、坛等包装品。以我国传统食品——粽子为例，中国的米粽包装就是一项极佳的传统包装设计。包装的外衣——粽叶就直接取材于自然植物，粽叶的清香不仅增添了米粽的食品魅力，而且用后弃于自然，便于分解，十分环保。再如云南的普洱茶，直接采用自然界的竹叶包裹茶饼，并一饼一饼地以细草绳捆扎起来，形成一个个连接着的小扁圆包裹，颇似宝塔的造型。用这种方法包装的茶叶可在天然的竹叶中继续发酵，人们饮用的时候可以很方便地把捆扎的草绳解开，取出其中的一饼茶叶，余下的仍然在下面的小包裹中继续严密储存。这些具有浓郁的乡土情调和民间气息的包装年代悠久，被人们普遍使用，其中的一些已跟随着社会的发展进入现代，在人们的生活中继续发挥着作用。这些古代包装用在现代，虽然在材料选择或制造工艺上有所改进，但还保留着原来的基本形态和一些特点，因此它们也称为传统包装或古代包装。传统包装即指历史上沿袭下来的，利用天然材料，以手工制作为主要加工方式的各类包装与容器，如图 2-5 和图 2-6 所示。

古代人在包装造型设计和装潢艺术上，已掌握了变化与统一、对称与均衡、节奏与韵律等形式美法则，并采用了雕刻、镂空、镶嵌、染色、涂漆等装饰工艺，使包装不仅具有容纳、保护产品的实用功能，而且具有了较高的审美价值。但应当注意，自然经济结构下的包装容器不能够与现代的商品包装相提并论。古代那些大众化包装极其简单，例如用稻草、树皮、荷叶、菜叶等制成包装容器，与内装物性质并不相关，且不蕴含附加值，其包装的功能仅仅表现在容纳物品与方便携带上，无法达到促销的目的。至于那些常被皇宫豪门用于收藏珍宝古玩的木匣、锦盒、绸缎包裹等，本身造价较高，属于可反复使用直至用坏的生活器具，不能代表以商品交换为目的的实际意义上的商品包装。不能代表古代包装的包装设计如图 2-7 至图 2-9 所示。

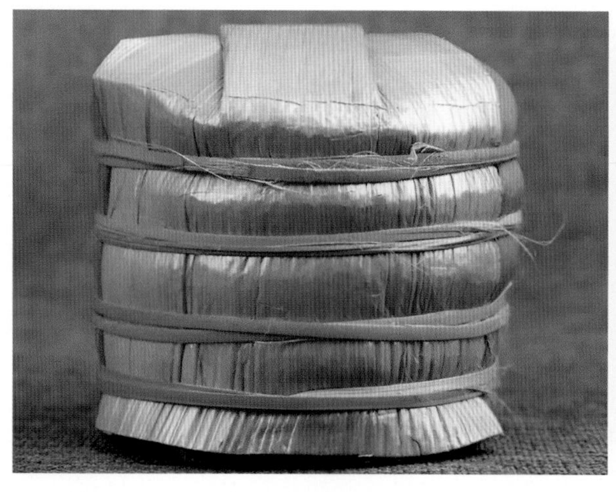

图 2-5　竹叶茶包

图 2-6　藤编茶具箱

图 2-7　银质连体药瓶

图 2-8　剔红寿字箱

图 2-9　紫檀书籍提箱

第三节　近代包装的特点

近代包装起步于 18 世纪 60 年代的西方技术革命，19 世纪的蒸汽时代开创了工业社会文明，使手工业生产逐步被机械化的生产方式所替代，也促进了机制包装材料和机制包装的起步。当时，我国仍处在封建社会的后期，而西欧各国则相继从封建社会过渡到了资本主义社会。19 世纪 70 年代的第二次工业革命，真正为包装设计进入近代机械化大批量生产阶段开辟了道路，这是传统手工包装向机制包装进化过渡的重要历史阶段。两次工业革命，使世界范围的资本主义经济走上了迅速发展的轨道，并使世界各国的国际性经济交往直接和间接地结下了难以分割的缘分。在此条件下，各国贸易中所交换的大量产品，都要经过包装媒介，才能顺利进行储运和销售。与此同时，随着生活水平的提高，消费者对产品质量和包装质量不断提出新的要求。在包装的艺术审美方面，19 世纪末在欧洲大陆和美国产生了影响面相当大的新艺术运动。在这一运动的影响下，包装设计一改 19 世纪烦琐的维多利亚风格，力求从自然、东方艺术当中吸收营养，较少运用直线处理，追求自然优美的植物纹样和动物纹样的使用，成为这一时期包装容器设计的主要特点。

近代包装如图 2–10 所示。

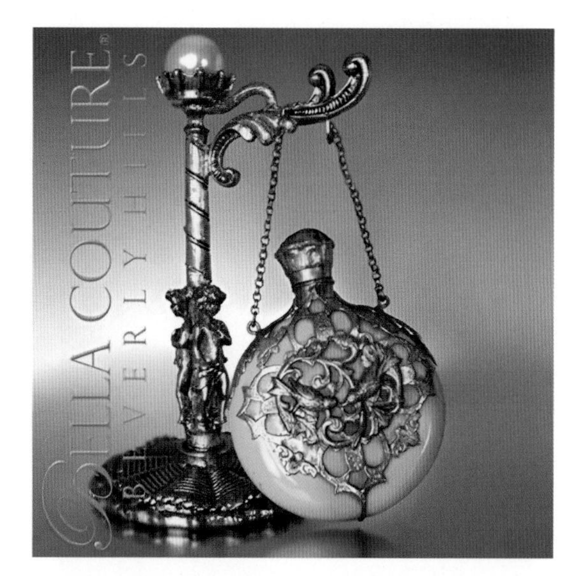

图 2–10　近代包装

进入 20 世纪以后，科技发展日新月异，新材料、新技术不断出现，纸、玻璃、铝箔、塑料、复合材料等包装材料被广泛应用，无菌包装、防震包装、防盗包装、保险包装、组合包装、复合包装等技术日益成熟，从多方面强化了包装的功能。一些工业发展较快的国家，开始形成以机器为主导的包装行业，使包装进入一个新的发展阶段。第二次世界大战期间，军需物资长途转运与消费的需要，以及机制包装的技术支持，促进了运输包装设计与标准化生产的发展，于是，在美国产生了第一个运输包装标准，这使包装设计与生产走上了标准化的轨道。20 世纪国际贸易飞速发展，包装已被世界各国所重视，大约 90% 的商品需经过不同程度、不同类型的包装再投入市场，包装已成为商品生产和流通过程中不可缺少的重要环节。近代包装的发展标志着包装工业体系开始形成，为包装现代化发展奠定了良好基础。

第四节　现代包装的特点

第二次世界大战结束以后，在以核能和计算机的发明应用为标志的新的技术革命的推动下，人类社会的政治、经济、军事、文化、科学、教育等领域都得到前所未有的发展，开始进入信息化时代。在现代科学技术支持下，包装设计进入了全面大发展的新时期。经过多次技术革命的促进，现代包装正迅速地朝着机械化、标准化、高速化、自动化和多样化的方向发展。包装的各个环节联结化，形成了包装设计、生产、检验、流通、消费服务、回收处理的完整体系。人们对包装赋予了新的内涵和使命，包装功能由原来的保护产品、方便储运、美化商品，一跃而转向能动地推销商品。包装上升成为塑造商品的品牌形象、引导消费、进行商品市场竞争不可缺少的手段和方式。因此可以说，现代包装与以往的包装相比，已发生了根本性的变化。

20 世纪 90 年代，人们意识到社会的发展与人们赖以生存的环境是息息相关的，在环保理念的推动下，崇尚自然、原始、健康的理念深入人心。包装设计在这一理念的支配下，向轻量化、小体积、易分解、易回收的方向发展，倡导“绿色包装”这一消费新理念，使包装设计向着“无污染”的方向发展。因此，既节约天然资源而又不致破坏生态环境的环保意识下的包装设计，就成为现代包装设计的一种新导向。

现代包装如图 2-11 和图 2-12 所示。

图 2-11　现代包装容器造型设计

图 2-12　现代便携式环保包装设计

第五节　未来包装容器造型的发展趋势

21 世纪科技发展迅猛，市场竞争更加激烈，包装设计面临着前所未有的机遇和挑战。包装设计如何适应新时代的发展要求、满足现代包装可持续化发展进程，也变得尤为重要。在这科技高度现代化、消费追求个性化的今天，如何促进包装设计的健康发展，就成为包装行业所面临的共同问题。

一、传统包装的现代化设计

现代包装设计的文化取向一直是设计师关心的课题，只有对文化具有深层次的理解，才能使现代包装获得文化认同，起到诱导消费的作用。文化底蕴指人们所掌握的现有物质文化成果和精神文化成果的功底及其应用能力。设计观念必须与某种特定的文化底蕴及审美相联系，依赖某种具体的造型方法，从而形成表现文化精神的具体视觉形象。很多商品本身富有文化底蕴，但由于设计者缺乏对该商品历史及周边人文内涵的了解，其所设计出的包装往往并不能彰显商品的文化品位。如果现代包装设计能够和文化特质有机结合，就会使消费者产生兴趣，进而引导消费；否则，这个包装容器就是一个没有灵魂的躯壳。

现代设计师应该在吸收现代文化的同时正确弘扬民族的审美传统，加速推进现代包装设计与传统审美特性的相互融合。随着经济的发展和时代的进步，传统文化的认识、继承、弘扬得到重视，既保留本土文化的风韵与特色，又带有鲜明时代特征的现代包装设计，能够让传统文化的传承发展更加富有生命力，能够让产品形象更富有民族特色和时代感。

体现现代与传统融合的包装设计如图 2-13 和图 2-14 所示。

图 2-13　体现现代与传统融合的白酒包装设计

图 2-14　体现现代与传统融合的啤酒包装设计

二、绿色包装的深度发展

随着21世纪绿色环保理念的深入发展，人类社会掀起以保护环境和节约资源为中心的“绿色革命”，绿色包装也成为世界包装变革的必然趋势，综合考虑整个包装体系将成为绿色包装发展的必由之路。因此，要充分考虑包装材料回收的可能性、回收价值的大小、回收处理方法、回收处理结构工艺性等与回收有关的一系列问题，以达到材料、资源和能源都被充分利用的目的。设计师不能因某种材料的片面优势而全面肯定它，也不能因某种材料的某种缺陷而全盘否定它，对包装材料的生产是否会造成环境污染和资源浪费以及包装废弃物的额外功能开发概率有多大等因素也应该进行理性的综合分析。

顺应绿色环保包装的变革趋势，深入贯彻绿色环保理念，必须从包装设计的方案确定、原料选择、工艺设备选择、生产路线确定、流通渠道确定以及废物处理再利用等一整套的技术流程上进行变革，建立真正的绿色包装工业体系。将绿色包装的基本思想渗透到常规的设计开发过程中，形成一个切实可行的绿色包装设计的整体格局，是绿色包装设计得以被普遍接受与应用的关键。

三、人性化包装的发展

消费者是营销环节的终端，每个消费者可能都希望某种产品是专为自己设计生产的。一个针对性强且个性鲜明的包装容器设计，更容易满足消费者的需求，也更容易与消费者建立沟通和互动联系。在现代社会中，包装设计强调“以人为本”的设计理念。包装设计的人性化特点可以通过精湛的加工工艺、恰当的材料选用和新颖的造型设计三者的科学结合而彰显出来。这种彰显不是某一方面的，而是一个整体的概念。人性化的包装设计向消费者展示的是一种理想化的生活方式的美。透过包装设计，设计师要传达的不单单是物质享受信号，更多的是对美好生活的信念和对美的追求，是精神和物质上的双重满足。例如具有怀旧特色、乡土特色以及涂鸦手绘特色的设计，不仅在视觉上给人们带来美的享受，还能形成视觉语言上的暗示与引导，使人们联想起往昔，回忆起家乡、亲情或儿时的快乐。这种包装设计，大大缩短了消费者与产品的心理距离，从而使消费者产生购买欲望，也将突出产品的个性化差异。

总之，在不远的未来，设计界必将引发新的浪潮，并对包装设计发展产生深远的影响。包装设计的发展和变化，必将顺应时代的需求，发展成为更加完善、更加理想化的艺术形态。

课后习题

1. 了解各个历史时期包装的特点。
2. 分析探讨未来包装的发展趋势。

第三章

包装的品牌策略与容器设计形式

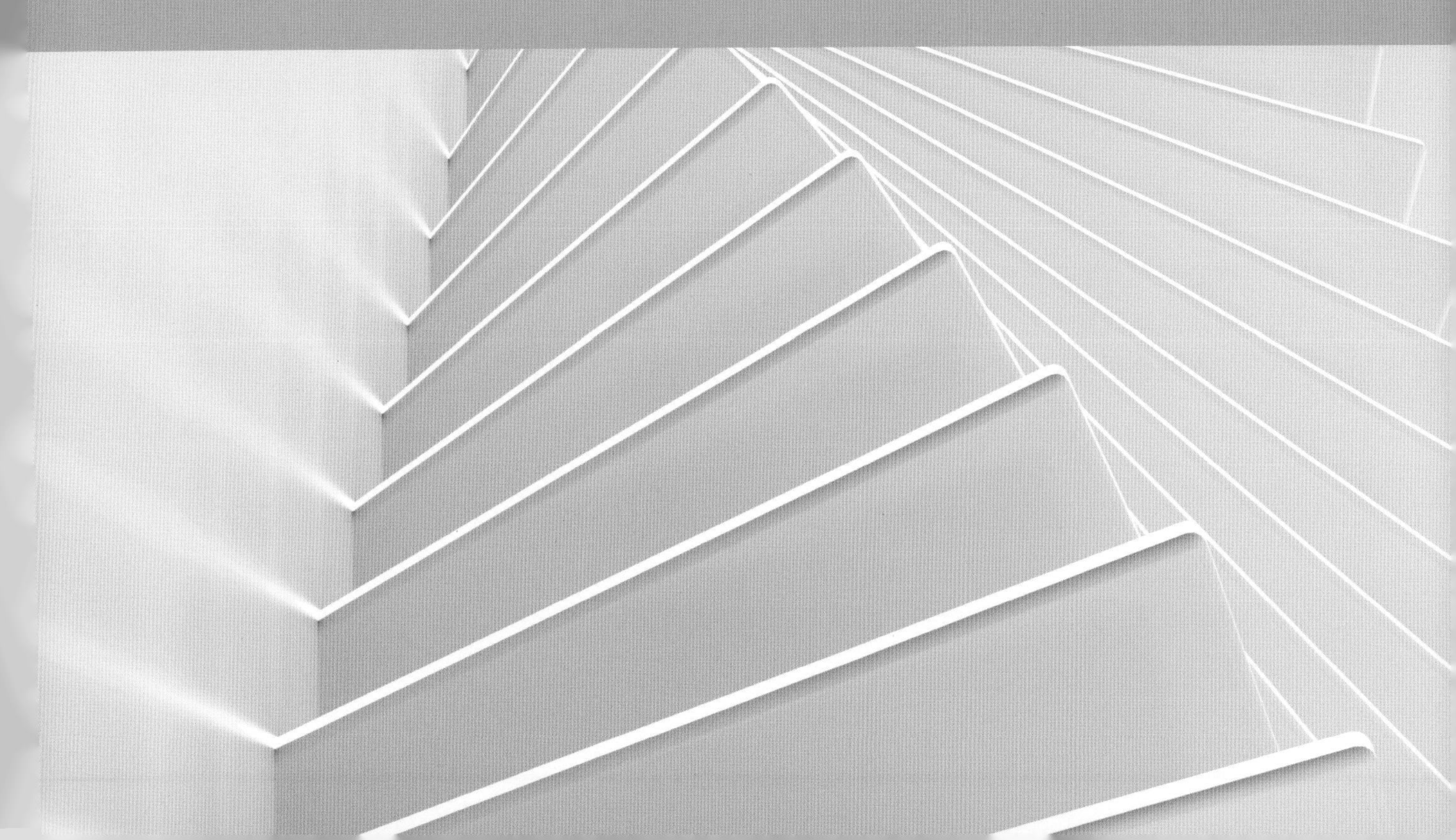

第一节　包装设计与品牌策略

“品牌”一词的英文“brand”来源于古挪威文字，原意是“烧灼”。人们当时利用烧烙标记的方法来区分他们的家畜，之后慢慢发展到标记手工产品。品牌策略不仅仅是一种特定的名称、符号、设计，或是它们的组合运用，更代表着企业希望通过品牌传递给消费者的功能性利益和情感性利益方面的理念，能够体现价值、文化和个性。因此，品牌产品的包装与普通产品的最大差异不在于包装形式上的变化，而在于包装设计中是否融入了品牌的企业文化。企业强调建立独特的产品品牌形象，以增加产品的经济价值和神秘魅力。要想在国内甚至全球范围内参与品牌角逐，现代企业在提供产品高性价比的同时还必须提供一流的现代包装容器。那么，建立品牌包装的策略有哪些？我们可以从以下几点进行分析。

一、整体化设计风格

设计风格是整合品牌传播的一种表现，品牌策划者和品牌管理者应根据品牌策略来建立整体设计风格，它能理性地反映品牌的个性与共性，从而建立品牌知名度、美誉度、顾客忠诚度和品牌联想度。一个成功的品牌必须有一个清晰的、完整的视觉识别特征。这个视觉识别特征的设计风格具有视觉效果上的整体性和单纯性，醒目地使用标准品牌形象特征，对传播主导性品牌形象极为有利。在包装上巧妙运用整体化的设计风格可以体现出产品间的关系及整体性，使品牌形象得到进一步优化，再辅以相应的宣传造势和促销活动来完善和加深消费者的印象，使品牌形象的整体化效果得到显著提升，从而达到树立品牌形象的目的。

同一品牌的不同类型产品的包装设计可尽量保持统一的风格特征，有助于加深消费者对该品牌形象的认知程度，可避免与其他同类型竞争品牌相互混淆。相反，如果同一品牌的不同类型产品包装之间缺乏必要联系，设计主题不具备整体化的设计风格，形成不了有效的视觉冲击力，就会淡化消费者对品牌的认知程度。

整体化包装设计如图 3-1 和图 3-2 所示。

二、个性化策略

个性化品牌包装设计是指在市场细分以及购买目标分化的情况下，针对产品进行个性化包装设计，这是相对批量化生产的产品包装而言的。个性化的品牌形象使得产品风格更加典型、突出、个性鲜明，可满足消费者多样化的产品需求。作为一种视觉识别符号，包装设计同样也是全球化品牌识别的重要依据。包装设计相对品牌名称而言更容易跨越文化差异，引起某些方面特定的品牌联想。为了达到这样的目的，设计师需要了解市场需求，从市场中寻找新的设计亮点，充分考虑产品消费群体的审美心理因素，并将自身的审美个性和艺术风格融入造型艺术语言，最大限度地满足品牌形象的展现需求和消费者的情感个性需求。

个性化包装设计如图 3–3 和图 3–4 所示。

图 3–1　整体化包装设计①

图 3–2　整体化包装设计②

图 3–3　个性化包装设计①

图 3–4　个性化包装设计②

三、品牌的维护

建立一个健康成熟的品牌，还需要长期的良好的维护与完善。没有新意的品牌形象会使产品缺乏鲜明的时代特色与个性魅力，并最终在市场竞争中被淘汰。随着时代的前进和文化的发展，人们的审美意识不断地发生变化，品牌形象策略不应停留在某个历史阶段上，需要顺应时代的发展而不断完善。企业需要制定长期的品牌发展方向，在包装造型特点、色彩选用和辅助图像符号等基本设计元素上保留可延展的发展空间，需要专业的品牌维护人员经常深入市场进行分析比较，吸收新鲜的设计形式以补充设计思维，并在吸收时代新元素的同时，保留旧有包装设计上的精髓，然后进行谨慎的改良性再创造。这种品牌的维护可以让消费者保持对品牌的新鲜感，同时又能够达到加强品牌识别度的作用，从而帮助企业维持成熟、稳定、富有活力的产品品牌形象。

第二节　品牌包装容器造型设计形式

现代包装在销售活动中的地位和作用越来越令人瞩目，合适的包装使得企业商品魅力十足。为应对现代社会商品多样化的特点，设计师设计的商品的包装形式也越来越多。

一、系列化包装

系列化包装又被称作家族式包装，是现代包装设计中比较普遍的一种形式，它是指对一个企业或一个品牌中不同品种或不同规格的产品，利用包装的视觉特征，采用多样统一的视觉设计，形成相互间具有共同特征或联系特色而又各具独立特性的商品包装，如图 3-5 所示。系列化包装能使消费者对产品的品牌归属一目了然，又可以形成特征鲜明的家族式包装群体，在与其他品牌同类型产品竞争时能够以众压寡，实现吸引消费者注意的效果，同时对于在消费者心中树立企业信誉和名牌产品观念都能起到有益的作用。包装系列化设计符合形式美法则中“多样与统一”的原则，倡导的就是整体美。如今这条形式美法则已经深入生活的各个领域的设计，从服装到家具，从室内装饰到环境艺术，都追求艺术格调一致的整体美。

1. 大系列

属于同一品牌的所有的商品或两类以上商品，用同一种风格设计，这种包装设计形式称为大系列包装设计。完整的大系列不仅指企业内所有产品的设计风格统一，连企业相关办公场所内所有的一切，包括建筑、设备、办公用品、交通工具、服装、广告宣传等，

图 3-5　系列化包装设计

都是统一的风格，这些设计也就是通常所说的视觉识别（visual identity，VI）设计，也即企业视觉形象设计。

2. 中系列

中系列是指，属于同一商标统辖范围的同一类商品，因性质或功用相近被引入同一系列。例如同一品牌食品包括草莓味、苹果味、香蕉味、菠萝味等，对其进行系列化设计，该设计即属于中系列包装设计。

中系列包装设计如图 3-6 至图 3-9 所示。

3. 小系列

小系列指单项商品有不同型号、不同规格、不同数量、不同色彩等形成的系列化包装。如某一品牌同一种产品的包装被分为豪华装、平装、家庭装以及试用装等，这就是小系列包装设计。

图 3-6　中系列包装设计①

图 3-7　中系列包装设计②

图 3-8　中系列包装设计③

图 3-9　中系列包装设计④

二、礼品包装

礼品包装是销售包装中比较特殊的一类，它是指为了满足消费者的社会交际需求而对消费者馈赠他人的礼品所进行的特别包装，是现代包装体系中的一个重要组成部分。礼品包装所体现出的精神价值远远超过商品本身的物质价值，它主要作为承载和传递人们情感的媒介。随着社会生产力的不断提高，人们的生活水平不断向高档次、高品位迈进，人们对礼品包装设计科学化、艺术化和合理化的要求也越来越高。因此，我们无论是在理论上，还是在实践中，都应把礼品包装设计作为一种文化形态来对待。为了更好地设计出高水准的礼品包装，我们可以从以下几点来分析认识礼品包装。

（一）文化性

一切经过人类创造和改造的非自然物都可被称为“文化”，在人类改造自然的过程中，经过人为加工和理解的自然都被附加了当时的社会文化和审美意识。文化是礼品包装的灵魂，并影响了礼品包装的发展规律。由社会文化的各种要素所组合形成的现代文化底蕴，对现代礼品包装的设计方法有着直接的影响。固有的文化观念与灵活的设计形式相融合，就能为礼品包装设计开拓出广大的思维发散空间。

体现文化性特点的礼品包装如图 3-10 和图 3-11 所示。

图 3-10　体现文化性特点的礼品包装①

图 3-11　体现文化性特点的礼品包装②

（二）高档性

礼品作为被馈赠的物品，既要表达被馈赠者的尊贵，又要体现馈赠者的品位，因此，礼品包装设计应注重包装的形态和材料的高档性。现代的包装材料已从过去的天然材料发展到合成材料，由单一材料变为复合材料，大大丰富了设计师对包装材料的选择。礼品包装材料的种类很多，其中用得最广泛的便是纸。包装设计中，选择合适的材料来体现礼品包装的高档性，是非常重要的。同时，设计本身也是一个关键的因素。高档次的材料不一定都能体现礼品的高档性；反之，低档次的材料也不一定不能体现礼品高档性。设计师只有在设计中将材料运用适当，选择合适的包装材料，才能将礼品包装的高档性真正地体现出来。

（三）针对性

礼品一般用于节庆、婚礼、祝寿、访亲、慰问等场合，在其包装设计上应突出针对性，并体现不同礼品的特殊性及用途。如中秋佳节的月饼礼盒包装，除了选取高档材料做包装外，还要注意节日背后的感情要素。中秋佳节是中国人的传统节日，因此，哪怕所用的设计手法再现代、再西式，包装所传达的意境必须具有中华民族文化的特色，而这些特色则应从包装的造型、图案、字体、色彩等方面体现出来。正因为此，月饼礼盒包装设计中的图案都有花好月圆的寓意，色彩也多是红色或金色系，这些都为节庆里的人们所喜好。再如，圣诞节到了，许多礼品包装都出现了与圣诞节相联系的形象，如圣诞老人、小雪人、圣诞树等，以此烘托节日的气氛。

具有针对性的礼品包装如图 3–12 和图 3–13 所示。

图 3–12　具有针对性的礼品包装①

图 3–13　具有针对性的礼品包装②

（四）特色性

送礼本身就是为了传达情感，礼品包装盒就是传情的使者，是一种情感交流的纽带。为了让自己的礼品被受赠者喜欢，馈赠者在挑选礼品包装时会十分重视特色性。礼品包装应当个性鲜明，重点突出风土人情、地域特征等，强调特色性的表现。特色性既可在包装的色彩、文字、图形中得以体现，也可在包装设计的构思中蕴含。如强调地域文化的礼品包装，可以将具有当地特色的绘画、建筑、服饰等元素融入包装设计；传递具有过去某个时代特色的礼品包装，可以采用该时代的固有特征，以传递淳朴、怀旧的感觉。

三、成套包装

成套包装是指将若干个小包装件组合成一个较大包装件。此类包装设计形式一般运用组合化原理，设计出主体造型优美的组合化包装系列，将一套产品或相近的产品先按一个个小单位进行包装，再把多个小包装单位组合成一个大包装单位。采用成套包装策略，可以增强产品的销售力度，便于消费者成套购买，有利于提高产品销售额。成套包装产品的内装物往往具有共同的功能和档次，是一起被生产、陈列、销售和使用的，如成套的化妆品、食品和工具，还包括现在节日时期流行的“大礼包”等。

总之，成套包装给人以精致、完整的高档感，有时成套包装也可作为礼品包装使用。设计师在设计成套包装时要注意构图严谨、色彩协调、构思新颖，还应使制作工艺精良，给人以档次高的感觉。

成套包装如图 3–14 和图 3–15 所示。

四、POP 包装

POP 包装是一种广告式商品销售包装，多陈列于商品销售点，是有效的现场广告手段，是指利用商品包装盒盖或盒身部分进行特定结构形式设计，并提供展示功能的特殊商品包装形式，如图 3–16 和图 3–17 所示。POP 包装对于零售商品来说是一种常用的、可行的、安全廉价的包装设计形式。例如，展台式 POP 包装就是采用一板成型的展示型折叠纸盒形式，纸盒外面印上精心设计的图文，打开盒盖，就会形成一个简易的展台，展示出盒内盛装的商品，从而起到在销售现场直接对顾客施加影响的促销作用。

图 3–14　成套包装①

图 3–15　成套包装②

图 3–16　POP 包装①

图 3–17　POP 包装②

五、流动广告式包装

流动广告式包装是根据消费者的流动性而设计的广告式包装，最典型的就是购物手提袋。在商店购买商品时，或者在产品展销会上，很多消费者都会得到商家或品牌主动赠予的手提袋（用纸或者塑料等制作而成），上面会附带印刷有商品信息、广告词、厂址、联系电话等。这种购物手提袋一方面是企业或品牌提供便利的服务性手段，另一方面则是利用消费者的流动性，使每一位受赠者在不知不觉中为企业或产品做广告宣传，这也是企业或品牌赠予消费者购物手提袋的终极目的。

流动广告式包装如图 3-18 所示。

图 3-18　流动广告式包装

六、概念化包装

概念化包装设计是一种丰富、深刻、前卫、代表科技发展和设计水平的包装设计形式。概念化包装设计对工艺制作有较高的要求，针对这一设计形式，设计师可在遵循美学规律的同时，依赖超高端的工艺技术，表现出前沿的设计思想和设计水平，形成独到的造型方法，设计出有深度的作品。概念化包装设计的价值在于其对前沿性的市场有把握和操纵的能力。概念化包装设计应体现一种前瞻式的设计理念和超前设计意识，另外还应有高端工艺的保证，这样才能够保持长久的生命力。这种包装形式并不单纯为满足消费者的基本消费需求和传达商品信息而设计，更多是为理解人类的审美规则、探索消费者的潜在意识而设计。概念化包装设计理念展示了科技实力，传达了最新设计观念，引导了包装设计的未来发展潮流，这些优势最终会直接或间接地在应用层面上得到表现。

第三节　包装容器的可持续性设计

包装容器的可持续性设计主要是指提高包装中的绿色效率与性能，即增强包装保护生态环境的特性，提高包装与生态环境的协调性，减轻包装对环境产生的负荷与冲击，具体来说，就是节省材料，减少废弃物，节约资源和能源，包装材料易于回收利用和再循环，能自行分解，不污染环境，不造成公害。

一、可持续性包装容器造型设计的概念

包装设计与环境保护相辅相成。一方面，在包装生产过程中需要消耗能源、资源，产生工业废料和包装废弃物而污染环境；另一方面，也要看到，包装保护了商品，减少了商品在流通过程中的损坏，这又是有利于减少环境污染的。包装的目标，应是最大限度地保存自然资源，形成最小数量的废弃物和最低限度的环境污染。可持续性包装设计的意义主要在于加强对包装材料的管理和对包装废弃物进行回收、处理。尽管人们对包装存在着各种各样的质疑，如包装废弃物破坏环境、包装诱使过度消费等，但是，世界公认，包装的三种特性变得越来越明显，即包装在经济发展中的中心性，包装的环境保护责任性和致力于改善人类生存条件的技术创新性。

二、包装容器设计的可持续性

材料是包装设计的可持续性实现的载体。抛开其他一切审美原则不管，包装设计就是关于材料的设计。所有与材料相关的设计流程都要预先考虑选择不同材料可能产生的不同后果。绿色材料就是可回收、可降解、可循环再利用的材料，选用绿色材料对环境无害，或者至少把对环境的负面影响降到最低，尽最大可能节约资源，减少浪费，从而降低成本，并且提高包装的生产率。

体现可持续性的鸡蛋包装容器设计如图 3–19 所示。

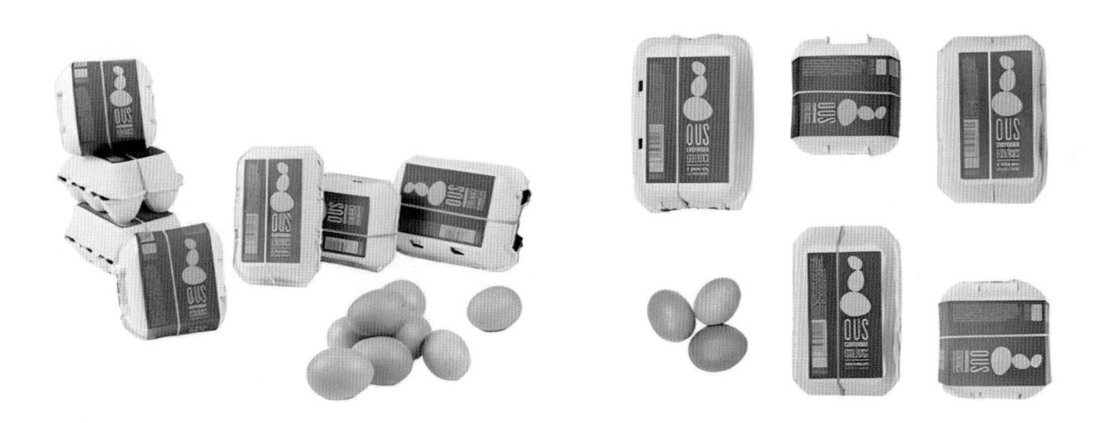

图 3–19　鸡蛋包装容器设计

三、交互式包装容器造型设计

交互，顾名思义，是交流互动的意思，人们生活的社会中交互无处不在，离开了交流互动人们将寸步难行。随着现代社会的发展，传播媒介的更新速度已经大大超越了人们的想象，在信息传播过程中人的因素的影响也越来越大。以前消费者处于被动接收信息的状态，无法与产品进行直接的交流，而如今，随着高科技的应用与传播，人与物之间的交

流成为双向的、直接的，在现在的整个信息传播的过程中，人不仅仅是接收者，而且是参与者。通过交互式包装设计，产品可作为媒介，将传播者和接收者之间的交流变得直接和频繁，使二者相互影响、相互作用。

彩色铅笔与蜡笔的交互式包装容器设计如图 3-20 所示。

图 3-20　彩色铅笔与蜡笔的交互式包装容器设计

第四节　品牌包装策略与容器设计案例

1.“三十七度二”咖啡系列包装容器设计案例（设计者：甘雨莎）

案例设计说明如下：

该案例设计了一幅插画讲述遇见爱情而让体温上升的品牌故事。这个包装采用矢量插画的形式，围绕这个爱情故事描绘画面。故事讲的是一对陌生男女在骑自行车的时候遇见了，在咖啡厅中进行了他们的约会，因为咖啡让他们两个人的感情迅速升温。这个包装描绘了咖啡厅的画面，设计正是采用了品牌包装策略与包装容器设计的多样性融合，产生了丰富多样的包装视觉效果，增加了该商品的附加值和视觉冲击力。

“三十七度二”咖啡系列包装容器设计如图 3-21 所示。

2.“乐享椰”椰汁包装容器设计案例（设计者：方宇钦）

案例设计说明如下：

该案例设计的灵感与重点是海南的椰子。海南是一个旅游胜地，大家对它的印象都是很快乐和享受生活。本设计就是把这种印象融入插画作品画面，设计者希望看到这个产品的人也可以感受到欢乐的气氛。在设计作品中的插画里，人们或惬意地享受着日光浴，喝着椰汁，或与周围的小伙伴一起分享椰汁。这种感觉是很美好的。当然，该设计主要是想告诉人们，生活中最重要的就是找到快乐，享受当下这一刻。设计也通过不同的包装容器造型诠释了该品牌包装的含义。

“乐享椰”椰汁包装容器设计如图 3-22 所示。

图 3-21 “三十七度二”咖啡系列包装容器设计

图 3-22 “乐享椰”椰汁包装容器设计

3.“盛夏之约”果干系列包装容器设计案例（设计者：宋超）

案例设计说明如下：

该案例的包装是根据海南的特色水果来设计的。其中的插画部分采用的是热带的植物，然后配上主题水果。色彩运用的是暖色调，一方面是表达“盛夏之约”的主题呼应，另一方面是表达海南的气候。在包装容器造型设计上采用了带保护结构的袋装及礼盒天地盖装。

“盛夏之约”果干系列包装容器设计如图 3-23 所示。

图 3-23 “盛夏之约”果干系列包装容器设计

4.“清茗”海南鹧鸪茶系列包装容器设计案例（设计者：李江平）

案例设计说明如下：

该案例产品鹧鸪茶有一个美丽的传说。相传很久以前，万宁有一个村民养有一只心爱的山鹧鸪，这只鸟生了病，该村民翻山越岭去到东山岭，采摘野生茶叶泡热水给它喝，几天后该鸟不但病愈，且活了很久。因此，设计者在案例中的鹧鸪茶的包装设计上，采用了鹧鸪作为主图案。“清茗”取自“半壁山房待明月，一盏清茗酬知音”，表现出一种恬静、适意的生活态度，是这款茶包装的主旨。在这款包装上，设计者采用了海南有名的黎锦的纹样，加上鹧鸪的图案，用暗色调来显示它的低调奢华，黎锦图纹更是添了一分民族特色。

“清茗”海南鹧鸪茶系列包装容器设计如图 3-24 所示。

图 3-24 “清茗”海南鹧鸪茶系列包装容器设计

课后习题

1. 了解品牌建立的基本策略和注意事项。

2. 学习现代包装的各种表现形式。

第四章
包装容器造型设计常用材料

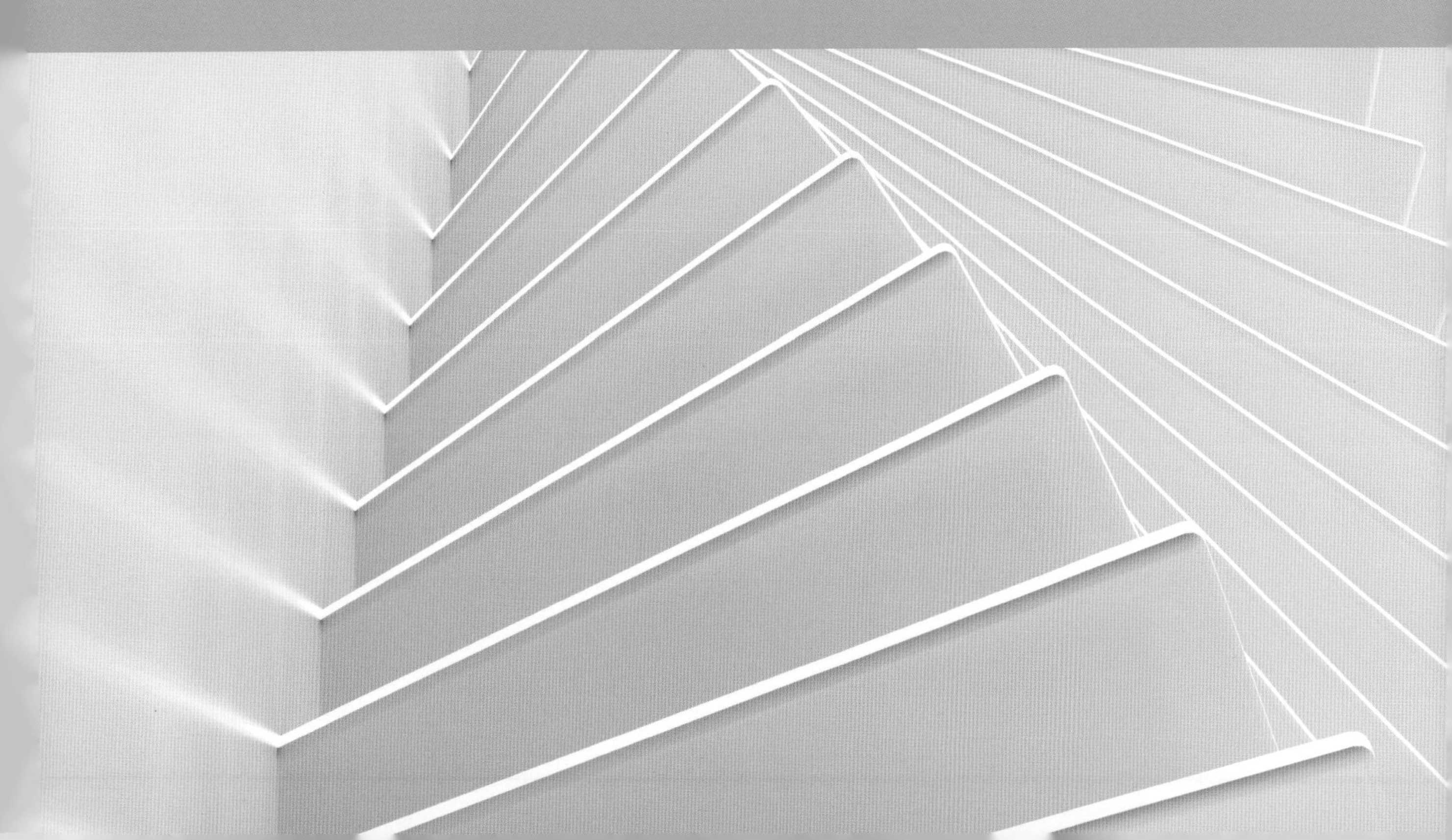

包装容器造型设计常用材料即包装材料，是指用于包装容器制造和包装运输、包装装潢、包装印刷等的有关材料和包装辅助材料的总称，包括涂料、缓冲材料、黏合剂、印刷材料和其他辅助材料等。无论哪种包装形式都必须通过一定的材料来实现，对具有不同功能、性质的材料的选择与应用，更是直接地影响到包装的功能效果与加工工艺技术要求。因此，根据商品的不同性质，恰当地选择利用各类材质的技术工艺性能、外观肌理、色调、成本造价等特点是包装容器设计重要的一环。在包装设计中合理科学地对包装材料加以运用而设计出优美独特的形态结构，是包装设计人员必备的专业素质。

选择合适的包装材料时应当兼顾 3 个方面的要求：

（1）包装材料与流通条件的适应性。

流通条件包括气候条件、储运方式、运输范围、流通周期等。选用包装材料必须保证被包装的产品在经过流通和销售的各个环节后不被损坏，尽量延长被包装物的有效（保质）期，使其最终能完好地到达消费者手中。

（2）包装材料与包装物在经济上的相互对等性。

包装材料选择必须兼顾到生产厂家、运输销售部门和消费者的经济利益。

（3）包装材料、包装物及企业文化的特点的协调性。

包装材料本身的特点、包装物的特点和企业文化的特点必须相互协调，起到相辅相成的作用，才能够达到促进销售的目的。

第一节　纸材

早在 19 世纪中叶，欧美国家市场上的纸盒包装就已经普及了。尤其是瓦楞纸出现，打开了以纸质包装材料取代木材包装箱的广阔道路，使纸质包装的应用领域由销售用的小包装扩展到运输用的大包装。可以说，纸和纸板在被应用到包装领域（见图 4-1）后，彻底改变了包装业的结构，并毫无疑问地确定了其在包装领域的地位。目前纸材已成为人们生活中不可缺少的物质材料，国际上纸与纸板的种类已达 5000 多种。纸材作为包装材料的消耗占所有包装材料消耗的 50% 左右。

一、纸材的分类

纸材可分为纸和纸板两大类，它们都有自身固有纹路方向，即纹向。所谓纸和纸板的纹路方向就是表面纸纤维的排列方向，可用肉眼观察到，也可用纸页湿润卷曲法来判断。

纸页湿润卷曲法是将纸和纸板润湿，其自然卷曲时，与卷曲轴平行的方向的纹路即为纸和纸板的纵纹。使用纸和纸板时，应使其纵纹垂直于盒体（箱体）主要压痕线。管式折叠纸盒用纸纹向应垂直于盒体的高度方向，盘式折叠纸盒用纸纹向应垂直于盒体的长度方向。

图 4-1　纸和纸板被应用到包装领域

在包装材料领域，纸和纸板是按照定量（即单位面积的质量）或厚度予以区分的。凡定量在 200 g/m^2 以下或厚度在 0.1 mm 以下的统称为纸；凡定量在 200 g/m^2 及以上或厚度在 0.1 mm 及以上的统称为纸板或板纸。有些纸板材料定量虽然达到 250 g/m^2，但是由于人们习惯也被称为纸，其实它们本身属于纸板，例如白卡纸、绘图纸等。

纸张的开数是指纸的裁切应用标准。国内目前通用的纸张基本规格为：787mm × 1092 mm 即为整开或全开；裁切成两等份，为 787 mm × 546 mm，即为对开；依次类推，可得 4 开、8 开、16 开和 32 开等规格。

制作纸箱与纸盒的主要纸材有以下几种。

1. 箱纸板

箱纸板一般以 100% 的硫酸盐木浆为原料或配用部分草浆制造而成，分为特号（牛皮箱纸板）、一号（强韧箱纸板）、二号（普通箱纸板）、三号（轻载箱纸板）4 种，定量为 200 ~ 530 g/m^2。其特点是：纸质坚挺，耐压，耐折叠，抗张强度高，抗戳穿，颜色为原料本色，具有良好的可加工性能，适合用于各种印刷，适用于制作纸箱、纸盒、纸桶等。

2. 黄纸板

黄纸板又称草纸板，俗称马粪纸，是以稻草、麦草等为原料生产制造的、呈黄色的一种低档纸板，有较高的机械强度，不易变形，但耐磨性较差，主要用于制作裱糊纸盒、纸匣或纸箱衬垫、卷筒芯、讲义夹封面硬板等。

3. 瓦楞原纸

瓦楞原纸是用于加工成瓦楞纸板和芯纸的薄纸板。瓦楞原纸利用草浆或废纸浆制造而成，定量为 180 ~ 210 g/m^2，具有较好的弹性和延展性，耐压，抗张强度高，抗戳穿，耐折叠。

4. 瓦楞芯纸

瓦楞芯纸是用瓦楞原纸通过瓦楞机加热加压呈现凹凸瓦楞形而制成的。根据瓦楞形状的不同，瓦楞芯纸可分为 V 形、U 形、UV 形等；根据瓦楞凹凸深度的大小，可分为细瓦楞与粗瓦楞。一般凹凸深度为 3 mm 的为细瓦楞，常常直接用于玻璃器皿包装中作为防震的挡隔纸。

5. 瓦楞纸板

瓦楞纸板是以瓦楞芯纸与黏合面纸（纸板）复合而制成的具有缓冲性能的高强度纸板。瓦楞纸板有单面瓦楞纸板、双面瓦楞纸板、五层瓦楞纸板等类型，最厚的为七层瓦楞纸板。瓦楞纸板广泛应用于运输包装箱和销售包装箱（盒）及缓冲衬垫等的制造。

6. 白纸板

以废纸浆或草木纸浆作为中间层，在其一面或两面涂敷漂白硫酸纸浆形成白色层，这样制成的纸板叫作白纸板。它具有洁白、平滑、耐折、成型与适应性良好的特点，广泛应用于制作各类产品的彩印包装箱和包装盒。

7. 卡纸

卡纸是一类高档纸板，定量在 220 ~ 270 g/m^2，有白卡纸、彩色卡纸和玻璃卡纸等类型。其纸质坚挺耐磨，表面细腻平滑，有一定的适应性，价格比较昂贵，因此一般用于制作礼品包装盒、化妆品盒、酒盒、吊牌等。

8. 茶纸板

茶纸板即牛皮纸板，也称为牛皮卡纸，是一种以木质纤维生产加工而成的高强度、呈茶色的纸板。其纸质紧密结实，外观朴实，具有优良的耐折性和抗水性，纸面平滑，有一定的适应性，常用于制作销售包装纸盒、纸袋和高档商品的包装纸箱。

9. 铜版纸

铜版纸分单面和双面两种。铜版纸主要采用木、棉纤维等高级原料精制而成，定量在 30 ~ 300 g/m^2，纸面涂覆有由一层白色颜料、黏合剂及各种辅助添加剂组成的涂料。铜版纸纸面洁白，平滑度高，黏着力大，防水性强，油墨印上去后能透出光亮的白底，适用于多色套版印刷。印后图形清晰，色彩鲜艳，层次变化丰富。定量较高的铜版纸适用于印刷礼品盒和出口产品的包装及吊牌；定量较低的铜版纸适用于制作薄纸盒、瓶贴、罐头贴和包装产品样本。

10. 艺术纸

艺术纸是一种表面带有各种凹凸花纹肌理的色彩丰富的具有艺术性的纸张。它加工制作方法特殊，因此价格昂贵，一般只用于高档的礼品包装，以增加礼品的珍贵感。由于纸张表面有凹凸纹理，艺术纸不适用于彩色胶印。

二、纸材的性能

（一）优势

（1）纸材原料充沛，来源广泛，可以大量生产，且价格相对低廉。

（2）便于机械化或手工加工，折叠性能优异。

（3）具有一定的弹性，可以根据商品要求做出各种盒造型或箱造型。

（4）既可以做出具有透气性的包装，又可以做出完全密闭的包装。

（5）卫生无毒，保护性能良好，适用于各种印刷，重量轻，方便储运与使用，易于回收处理与再生。

（二）局限

（1）纸材的生产过程需要大量活水，如果排污处理不当，容易污染水源。

（2）会出现程度不一的孔洞、针眼、透明点、皱折、筋道、网印、斑点、浆疙瘩、鱼鳞斑、裂口、卷边以及色泽不一等缺陷。

（3）具有一定的吸湿性，易吸湿受潮，当含水量超过12%时，纸质会松软、变色，甚至霉变，牛皮纸受潮会收缩、起皱。

（4）不适用于干燥高温的环境，当含水量低于9%时，纸质会变得很脆，容易翘曲，甚至开裂。

三、纸材的一般技术工艺

（一）纸盒加工工艺过程

1. 折叠纸盒

分切备料→印刷（制版）→表面加工（覆膜、烫金、凹凸压印等）→模切（制作模切版）→剥去余料→成型→抽检入库（平板形式）。

2. 彩色小瓦楞纸板盒

轧瓦楞→裱里→覆面（面纸分切、印刷）→模切（制作模切版）→剥去余料→成型→抽检入库（平板形式）。

3. 粘贴纸盒

纸板分切→开角→盒角补强→裱贴成型（面纸分切、印刷、开角）→干燥→成品→

抽检入库。

4. 瓦楞纸盒加工工艺过程

（1）单机制造流程：瓦楞纸板→印刷→切边压痕→切角开槽→钉接→捆扎→成品。

（2）连续生产线流程：瓦楞纸板→印刷→切角开槽→修边压痕→冲孔→折叠粘接或钉接→捆扎→成品。

（二）纸桶加工工艺

备料→桶身卷绕→切口、卷边→上箍→封底→加盖→成品。

（三）纸袋加工工艺

1. 小纸袋

卷筒纸→印刷→纸袋成型→分裁→袋底成型（封底）→折边加提手（封口）→成品。

2. 大纸袋

卷筒纸→印刷→分切、成筒→袋底成型（封底）→折边加提手（封口）→成品。

第二节　塑料

塑料是 20 世纪兴起的一类性能优、品种多的人工合成材料。随着塑料应用领域不断地扩大，其使用量逐年增加，在很多方面取代了纸张、纸板、陶瓷以及玻璃材料等。塑料已逐步发展成为经济实惠、使用广泛的包装材料，成为制造包装容器的主要原材料之一，如图 4-2 和图 4-3 所示。

图 4-2　塑料包装容器①

图 4-3　塑料包装容器②

一、塑料的分类

塑料是以合成的或天然的高分子化合物（如合成树脂、天然树脂）等为主要成分，并配以一定的添加剂、辅助剂（如填料、增塑剂、稳定剂、着色剂等）经加工成型，可在常温下保持形状不变的材料。根据塑料中的高分子化合物聚合方式和成分的不同，塑料可形成不同的形式。高分子材料加热或冷却的加工环境、条件和加工方法不同会使结晶状态不同，从而产生不同的结果，最终可形成可满足不同性能要求的塑料。塑料的分类方法比较多，一般情况下，包装容器常用塑料按照其热性能可以分为热塑性和热固性两大类。

二、塑料的一般性能

（一）优势

以塑料为基材制造出的包装容器，具有成本低、适应性好、可调节透明度、重量轻、可着色等特点，塑料已经取代部分传统材料而广泛应用于制作包装。塑料物理性能优越，有较强的抗震、耐磨、抗冲击和耐挤压的机械性能。塑料阻隔性能好，可以阻隔水蒸气以及灰尘等。大部分塑料具有良好的抗腐蚀性，可以用来制作药品等包装容器。塑料的加工适应性好，可以适应多种容器造型的要求，具有热成型适应性、机械加工适应性、热封适应性等。塑料还有优良的电绝缘性，在常温及一定温度范围内不具有导电性。

（二）局限

塑料透气性较差，导热性能差，易带静电，个别塑料易燃易熔，适用温度受自身特性限制，部分塑料在高温下易变形，并分解出对人体有害的物质，暴晒有变色和老化现象，甚至会开裂。塑料很难自然降解，燃烧处理还会产生有害的气体，比较容易破坏生态环境。

三、塑料的一般技术工艺

（一）注塑成型

注塑成型简称注塑，适用于热塑性塑料和部分流动性好的热固性塑料制品的成型。采用这种成型方法可一次做出外形复杂且尺寸精确的塑料制品，成型周期短，便于实现自动化和半自动化生产，模具利用率高，成型制品的一致性好，并且不用进一步加工；但是成型时可能会有气泡、雾浊、透明度差等缺陷，必须对成型材料进行预先干燥等处理。

（二）吹塑成型

吹塑成型简称吹塑，是利用气体的压力，将闭合在模具中的半熔融状态的管状型坯，吹胀成为中空塑料制品的成型方法。大多数吹塑成型的包装容器都是圆形，因为圆形容器壁厚均匀，冲击强度高，制模方便，生产率高；但是运输时装载空间利用率低（最多只能达到75%）。方形包装容器支撑面积大，存放稳定，装载空间利用率高，但是壁厚偏差大，易发生鼓胀。椭圆形容器介于以上两者之间，形体美感强，力学性能优异，多用于化妆品包装。

吹塑成型适用于不同口径、不同容量的瓶罐类塑料中空容器的成型，是生产率高、质量易于控制的成型方法。按照其型坯制作方法的不同，吹塑可分为挤出吹塑、注射吹塑、拉伸吹塑（挤拉吹和注拉吹）和多层吹塑 4 种类型。

（三）热成型

热成型是指使用塑料片材或薄膜塑料，经过加热软化，在模具中制成所需形状的容器。热成型所用设备简单，工艺易于掌握，适用范围广，制品价格相对较低，是一种常用的塑料包装容器成型方法。

第三节　金属

这里的金属是指金属材料，是金属与合金的总称。金属包装容器一般是通过对金属板材进行加工获得的，所用设备多且庞大，工艺复杂，生产成本较高。金属包装罐于 19 世纪早期就已问世，后来曾用于英国军方的食物罐头包装。随着工业化发展，制造技术进步，新型包装材料不断出现，金属材料在某些方面的应用已经被塑料和复合材料所代替，但是因为它具有许多独特的优点，所以目前在各国包装材料中，金属的使用量仍较高，仅次于纸和塑料。（见图 4–4 和图 4–5）

图 4–4　金属食品包装容器①

图 4–5　金属食品包装容器②

一、金属的分类

金属的种类很多，按照不同的依据分类也不同。工业上常把金属分为黑色金属和有色金属。黑色金属又分为纯铁、钢和铸铁。有色金属则分为轻金属和重金属。黑色金属与有色金属都可用于包装制作。

二、金属的一般性能

（一）优势

金属的机械强度高，耐压性和延展性优良，加工性能好，制作工艺成熟，能够实现连续化自动生产，可制成各种厚度的容器，其中部分重量轻且不易破损。金属具有优良的阻气性、防潮性和遮光性，可以有效防止渗漏，并且能有效避免紫外线的有害影响，具有较好的物理综合防护性能。由于金属阻隔性能好，使用金属包装容器可长时间保持容器内商品的质量和风味不变。另外，金属光泽性好，便于装饰和印刷；金属材料还可以重复利用，不污染环境，是绿色包装材料。

（二）局限

金属材料化学稳定性差，不耐腐蚀；在潮湿的空气中，受到水分子电解质的作用，会形成微电池，可产生放电现象。为了防止这种现象发生，一般可采用合金或表面电镀处理。另外，金属的生产成本较高，许多金属包装设备和用材还依赖进口，且金属包装材料制作的能耗远远高于其他包装材料。目前国内对金属包装容器废弃物的回收利用率较低，极易造成资源浪费。

三、金属的一般技术工艺

（一）手工成型

手工成型属于传统的造型工艺。采用这一方式，金属包装容器成型的系列过程都是由手工完成的。手工成型操作灵活，适应性强，成本低廉，生产条件简单，但是生产率低，质量也不稳定，主要应用于新产品试制等单件或小批量生产。

（二）机器成型

机器成型指在机器外力作用下，使金属坯料产生塑性变形，从而获得具有一定形状、尺寸和机械性能的包装容器的加工方法。一般可以使用轧制、挤压、拉拔、模板冲压、自由锻和模锻等工艺完成容器成型过程。采用该成型方式具有生产率高、成品质量有保证、不受工人因素影响、可减少工人劳动强度等优点，但是机器设备费用较高，养护过程烦琐，生产准备时间长，且造型多以方形和圆柱形为主，制作曲面比较困难，造型局限性较大，还可能受到印刷工艺的限制。机器成型方式适用于大批量生产。

第四节 玻璃

玻璃是经冷却凝固所得到的非晶态无机材料。普通玻璃的主要成分是硅酸盐复盐，改变其成分比例和加入不同的金属氧化物，可制成性质不同的特种玻璃。因玻璃制品美观大方，玻璃是我们制作包装容器的重要材料，在我国包装材料使用中占近 20% 的比例。厚度均匀、设计良好的玻璃包装容器，其静态抗内压强度可达到 1700 kPa。良好的抗内压性能使玻璃包装适合用于现代高速灌装生产线，并能承受含二氧化碳的饮料所产生的压力。加上玻璃材料具有良好的透光性和加工适应性，玻璃材料成为一种优良的包装材料，被广泛应用于食品、医药、化妆品以及其他液态化工产品等领域。（见图 4-6 和图 4-7）

图 4-6 玻璃化妆品包装容器

图 4-7 玻璃酒瓶包装容器

一、玻璃的分类

在科学技术不断发展的今天，玻璃制品性能不断提高，这使得玻璃应用范围也越来越广。玻璃的类型非常多，包装常用玻璃材料按照化学成分可分为钠钙玻璃、铅玻璃、硼硅玻璃等。

二、玻璃的一般性能

（一）优势

玻璃阻隔性强，具有不渗透性，清洁卫生且价格相对便宜，是良好的密封容器材料。根据内装物性质的需要，可加入 Cr_2O_3 制成绿色玻璃或加入 NiO 制成棕色玻璃，用于屏蔽部分紫外线和可见光。玻璃容器造型自由多变，透明性能和折光性能好。玻璃有一定的耐热性，化学性质稳定，耐水、油、碱以及除氢氟酸以外的酸，通常坚固耐用，硬度较大，抗内压性能良好，无异味，可回收利用。其广泛地应用于酒类、饮料、食油、酱菜、蜂蜜、果酱、医药包装等，具有其他包装容器不可替代的地位，在商品销售包装中始终占有稳定的比例。

（二）局限

玻璃的重量大，弹性和韧性差，属于脆性材料，运输存储成本较高，不耐冲击，且其导热性能差，制品越厚，承受温度急剧变化的能力越差。玻璃容器的厚度不均匀，存在结石、气泡、微小裂纹，会产生不均匀的内应力，影响热稳定性。玻璃容器在潮湿环境下容易在表面形成白斑或雾膜。在玻璃容器生产时还经常出现变形、皱折、颜色不正等缺陷。

三、玻璃的一般技术工艺

（一）压制成型

将玻璃原料熔化成液体，再将液体注入有石墨涂层、具有所需要形状及尺寸的铁模中加压成型，模具上的纹理直接反映在玻璃表面，这种成型方法叫作压制成型。采用这种方法生产的玻璃容器价格低、产量高、外表美观，主要用于制作较厚的产品，如盘碟等。

（二）压吹成型

压吹成型适用于大部分广口瓶和小口瓶制品。做法是：先将玻璃原料压制成雏形型块，再将该型块置于吹制模具中，加压使型块被吹大，紧靠模的内腔形成符合要求的形状。这种方法适用于造型固定、要求标准、大批量的玻璃容器生产。同吹塑成型类似，玻璃的压吹成型也主要依靠模具和材料的热熔性即时成型，所以在设计上受模具和工艺的局限较大。

（三）拉制成型

拉制成型是一种以玻璃管为坯料加工成型的工艺，适用于小型玻璃容器制作，如药用管制抗生素瓶、管制口服液瓶等。

第五节　陶瓷

陶瓷是以硅酸盐矿物和某些氧化物为原料，加入配料后以一定的技术和工艺，按用途给予造型（表面还可以涂上各种光润釉及装饰），用相应的温度和不同的气体（氧化、碳化、氮化）烧结成的一种多晶体，属于无机非金属材料。随着科学的发展，陶瓷的品种已经不再局限于日用陶瓷和建筑陶瓷，具有优良性能的新型陶瓷已经进入了一个新的发展阶段，成为人们生活和生产中不可缺少的重要材料之一。（见图 4–8 和图 4–9）

图 4–8　陶瓷酒包装容器①

图 4–9　陶瓷酒包装容器②

一、陶瓷的分类

常用的陶瓷材料主要分为陶器、炻器和瓷器三大类。

二、陶瓷的一般性能

（一）优势

陶瓷的化学稳定性好，能耐各种化学药品的侵蚀，其耐热性、耐火性以及隔热性均优于玻璃，即使在 250 ~ 300 ℃时也不会开裂，并且可以经受温度剧变。陶瓷的硬度非常高，机械强度大，历经多年而不变形。陶瓷材料具有几何造型、模拟仿真造型等多方面的灵活性，是一般的板材不可比拟的。另外，其具有特定的造型规律与优越性，是食品、化学品的理想的包装容器材料。

（二）局限

陶瓷的韧性差，容易断裂，属于脆性材料。由于陶瓷材料的组织中常存在气孔等缺陷，它实际上的强度比理论上要低一些。陶瓷的生产周期长，生产率低，一般不能回收利用，成本较高。其釉层在使用过程中被弱酸碱等侵蚀后可能溶出对人体有害的成分，如铅等。在陶瓷烘干及烧制成型时，陶瓷容器形体大小会因为自身水分的遗失而略有改变，需要提前进行预估，所以盛装液态产品时，口部密封比较困难。

三、陶瓷的一般技术工艺

（一）挤制成型

挤制成型又叫挤压成型，主要用于管形和棒形陶瓷制品。采用该方法生产效率高，产量大，操作简单。

（二）车坯成型

车坯成型在车床上进行，主要用于外形复杂的圆柱形陶瓷制品的成型。

（三）旋坯成型

旋坯成型是指在装有泥料的石膏模随陶车机头旋转时，缓慢放下型刀，模内的泥料受型刀的挤压和剪切作用，紧贴在模具上，形成所需要形状的坯体。

（四）注浆成型

注浆成型的做法是：将瓷浆料注入石膏模具，利用石膏模具多孔且吸水性强的特点，很快吸收瓷浆料的水分，剩余的瓷浆料贴附在模具内壁，以达到成型的目的。因为模具多为石膏材料，开模加工相对简单，且陶瓷需在成型后烘干上釉再烧制，在这个过程中可以修补加工，局限性相对较小。

（五）干压成型

干压成型是通过模具对在其中的瓷料粉末施加压力，压制成一定尺寸和形状的方法。采用该方法生产效率高，易于实现生产的自动化，制品烧成收缩率小，不易变形。

第六节　木材

木质包装是指以木材制品和人造木质板材制成的包装的统称。木材曾是我国历史上最主要的包装材料，广泛用作运输包装箱或桶、大型机械包装的框架与封闭材料，同时可制作成各类工艺品、精密仪器和高档食品的包装。随着瓦楞纸箱、纸盒与塑料包装容器的普及与发展，木质包装材料的使用频率显著下降，在发达国家包装用木材只占到现代包装耗材的 3% ～ 5%。（见图 4-10 和图 4-11）

一、木材的分类

包装常用的木材主要指天然木质材料和人造木质板材两大类。天然木质材料包括松木、桐木、柳木、杨木、桦木等及由其加工而成的板材等。人造木质板材包括胶合板、刨花板、纤维板、细木工板、空心板等人造板材。人造木质板材能够提高木材的利用率和弥补天然木材资源的不足。

图 4-10　木材酒包装容器设计

图 4-11　木材蜂蜜包装容器设计

二、木质包装的一般性能

（一）优势

木质材料就地取材，加工方便，钉着力好；具有天然的色泽和美丽的花纹，并且对涂料的附着力强，易于着色和涂饰；质轻但强度好，有一定的弹性，抗压性能好，能承受震动、冲击，具有良好的绝缘性能（但会随着含水率的增大而降低）；热胀冷缩变形小，不易被腐蚀，可盛装化学药剂。另外，人造板材具有耐久、防潮、防水和抗菌等性能，可以反复使用与再加工处理利用。

（二）局限

木材是各向异性材料，组织结构不均匀，使用和加工受到一定的限制。天然木材生长中存在的节瘤也会破坏木材的完整性。木材受流通环境和温湿度影响较大，容易燃烧，易于吸收水分，易变形开裂，易受虫害侵蚀，有些木材有异味。木材生长周期长，木材资源因此受到局限。

三、木材的一般技术工艺

（一）锯割

锯割是木材成型加工中用得最多的一种操作。具体做法是：按照设计要求将尺寸较大的原木、板材等沿纵向、横向或按任一曲线进行开锯、分解、开榫、锯肩、截断和下料。

（二）刨削

木材经锯割后表面一般较粗糙而不平整，因此必须进行刨削加工。木材经刨削后可以获得尺寸和形状准确、表面平整光洁的构件。

（三）凿削

木质包装的构件之间结合的基本形式是框架榫卯结构。因此，榫孔的凿削是木制品成型加工的基本操作之一。

（四）铣削

木质包装中的各种曲线构件，制作工艺比较复杂，一般是通过木工铣削机床来完成的。木工铣床既可以进行截口、起线、开榫、开槽等直线成型表面加工和平面加工，还可以用于曲线外形加工。

第七节 其他材料

包装用的其他材料一般分为天然材料、复合材料和涂料。

一、天然材料

制作包装容器的天然材料主要有竹类、藤条类、草类、棕榈和棉麻、皮革等。（见图4-12和图4-13）

图4-12 藤条类包装容器

图4-13 皮革类包装容器

（一）竹类

竹类质地坚韧，弹性好，耐冲击，耐腐蚀和摩擦等。除了竹筒可以作为容器外，竹条还可用来编织各种包装容器，多用于高档工艺品包装和礼品包装，如编织成竹笼、竹盒、竹篮、竹瓶等。

（二）藤条类

藤条主要包括柳条、桑条、槐条、荆条等。藤条弹性较大，韧性好且柔软，拉力强，耐冲击、摩擦和气候变化等，一般用来制作一次性运输包装，还可以用来编织小型特色包装容器。

（三）草类

草类主要包括水草、蒲草和稻草等。该材料质轻、柔软，还有一定的抗拉强度、弹性和韧性，并且价格便宜，来源广泛，主要用来制作一次性运输包装，还可用作缓冲材料，也可用来编织小型特色包装容器。

（四）棕榈

棕榈是从棕榈树上剥离下来的一种柔软、有韧性、耐水、经久不烂的纤维材料，可以用来编制篮、箱等，还可以用它编成精美的礼品包装容器。

（五）棉麻、皮革

用棉麻、皮革制作包装时，因其本身的疏密特性，大多作为外部包装或附件，一般使用在高档包装和传统包装领域。

其他天然材料还包括贝壳、椰壳等，可用来制作各种特殊形式的销售包装容器。

二、复合材料

复合材料是用两种或两种以上材料，经过一次或多次复合工艺而组合在一起，从而构成具有一定功能的材料，一般可分为基层、功能层和热封层。基层主要起美观、方便印刷、防潮等作用；功能层主要起阻隔、避光等作用；热封层与包装物品直接接触，具有较强的适应性和耐渗透性、良好的热封性和透明性等。

复合材料可以满足现代包装设计的大多数要求，除了改进了包装材料的透气性、耐油性、耐腐蚀性等特性外，还发挥了防虫、防尘、防微生物等作用，以及具有更好的机械强度和加工适应性，并具有良好的适用性等。但是，因为复合包装材料所牵涉的原材料种类较多，性质各异，问题多而复杂，废弃的复合材料包装难以回收，一般仅能用作燃烧发电。

复合材料包装容器如图 4-14 和图 4-15 所示。

图 4-14　复合材料茶包包装容器

图 4-15　复合材料牛奶包装容器

用来制作包装容器的复合材料，一般采用层压复合、共挤压复合、金属化复合等工艺。

（1）层压复合是将塑料、纸、化纤、金属箔等材料，通过各种层压方法，制成多层薄膜材料。

（2）共挤压复合是把两种或两种以上的树脂，同时熔融后一并挤出成型进行复合。采用这种工艺制成的复合材料性能单一，但产量高、经济实用。

（3）金属化复合是在薄膜基（如聚乙烯、聚丙烯、聚酯、聚四氟乙烯、纸等）上直接镀金属制成复合材料。

三、涂料

涂料就是涂敷在物体表面，经过物理变化和化学变化，形成具有一定附着力和机械强度的薄膜，起到装饰、保护及其他相关作用的液体或粉末状的有机高分子胶体混合物的总称。所形成的薄膜称为涂膜或漆膜。

包装的基础材料不同，为了适合这些材料，需要选择不同的涂料，需要掌握各种涂料的性质、涂膜特性等基本知识，即掌握色彩、光泽、涂膜硬度、附着性能、耐腐蚀性能和耐候性等相关知识。

课后习题

1. 了解不同的包装材料的基本性能与适用范围。
2. 分析工艺特点和材料特性不同的包装容器的制作成本。

第五章
纸包装容器造型设计

第一节 包装视觉传达设计

想要了解具体的包装容器造型设计，先要了解什么是包装视觉传达设计。

所谓包装视觉传达设计，就是利用商标、色彩、文字、图形、构图等，通过艺术手法传达商品信息的创意与视觉化表现过程。包装视觉传达设计的作用已经不再局限于单纯装饰美化商品，更多的是体现商品的文化品位和满足消费者的物质与审美需求，准确迅速地传递商品信息，促进消费，提高商品的附加值和商品市场销售竞争力。包装视觉传达贯穿于包装整体设计之中，成为包装设计的一个重要方面，或者说是包装整体设计不可分割的重要构成部分，这是实现包装整体系统化设计的关键。

包装视觉传达设计主要由五大要素组成，即商标、色彩、文字、图形及构图。

一、商标

商标与标志的概念略有不同。广义上的标志包括所有能够被人的视觉、触觉、听觉所识别的符号。狭义上的标志以视觉形象为载体，是代表某种特定事物内容的符号式象征图案。商标则有更为明确的定义。商标（trademark），是指生产者、经营者为使自己的商品或服务与他人的商品或服务相区别，而使用在商品及其包装上或服务标记上的由文字、图形、字母、数字、三维标志和颜色组合以及上述要素的组合所构成的一种可视性标志。

商标在包装设计中的应用原则如下。

1. 规范应用

商标是品牌的代表，拥有长期的使用价值和意义，规范使用商标对于品牌的健康发展至关重要。在一定意义上，商标具有“不可变”的特性，即商标可以根据出现的位置不同，进行整体的放大或缩小，但其整体形状、比例、色彩、角度等均不能发生变化，以免造成消费者对商标的错误理解，从而影响品牌的良性发展。

2. 风格统一

商标的表现手法应与包装设计的风格保持一定的协调性，特别是商标的色彩应与包装的主色调和谐统一，如图 5-1 所示。在企业整体形象策划之初就应该有计划、有目的地进行商标设计。另外，改良后的商标在保留旧有商标的某些特征的同时，应能够在风格统一的原则下为企业形象注入新的活力，使企业产品能够在不流失固有客户群体的同时，打动更多的当代消费者。

3. 视觉突出

为了达到醒目的效果，根据大众的视觉习惯，商标一般出现在包装展示面的左上角或正中（见图 5–2）。选择适当的位置和大小来放置商标是包装视觉传达设计的重点之一，应当力求使商标拥有较前方的视觉层次，在视觉流程上应当照顾到商标优先性的完整体现。

图 5–1　商标与包装风格统一

图 5–2　商标在产品包装上居于正中

二、色彩

色彩在视觉表现中是较让人敏感的因素。色彩处理在包装设计中占据很重要的位置，因为色彩往往影响消费者从包装处获得的第一视觉感受。相关调查数据表明，消费者对商品的感觉的影响因素首先是色彩，其次是图形，最后才是文字。消费者在接触商品的20秒内，对色彩的反馈为80%。另有调查数据表明，消费者观察每一种商品的时间约在0.25秒，这一瞥决定了消费者是否会从无意识观赏转为有意识关注，进而产生好奇和购买欲望，在这短暂的时间里，商品包装必须以“色”夺人。色彩不但具有高附加值，而且也是从成本角度出发最具实效的营销手段。在包装视觉传达设计中，图形和文字识别都有赖于色彩的配合，可以说，色彩是包装设计成败的关键要素之一。

色彩在包装设计中的应用原则如下。

1. 符合商品属性

包装色彩的商品属性是指商品都有各自的倾向色彩（或称为属性色调）。透过这些色彩传达出的内容、情感和视觉冲击力，被统称为色彩讯息。色彩讯息的传达不仅将销售的意图明确地显现于包装之上，还能进一步影响人们对被包装商品的感性判断。

因为包装是被动地起到广告作用的，所以包装视觉传达设计中的色彩常要求醒目，对比强烈，需要有较强的吸引力和竞争力，以引起消费者的注意，激发其购买的欲望，达到促进销售的目的。例如，食品类包装多采用鲜明丰富的色调，以高纯度色彩为主，强烈突出食品的口味，如图5-3所示。

2. 符合消费群体的定位

包装设计师需要研究消费者的习惯、爱好以及流行色的变化趋势，以不断增强色彩的社会学和消费者心理学意识。不同的色彩，能对人们产生不同的心理和生理作用，并且以人们的年龄、性别、经历和所处环境等不同而有所差别。因此，包装视觉传达设计应当充分考虑不同色彩的表现规律，使色彩能更好地反映商品属性，适应消费者心理，满足目标市场不同消费层次的需要。（见图5-4）

图5-3　食品类包装色彩

三、文字

文字是人类文化的重要组成部分，也是传播信息最基本的工具与形式之一。无论是运输包装还是销售包装，在视觉传达设计中都要重视文字的字体选择与编排设计，文字的字体选择和排列组合的好坏，都将直接影响其视觉传达的效果。文字设计是增强视觉传达效果、提高版面的诉求力、赋予设计作品审美价值的一种重要构成元素。

在包装设计中，文字是传达商品信息的最直接因素，成功的包装设计能够利用文字调控消费者的购买倾向。包装上的文字一般包括商标名称、商品名称、商品种类、单位重量或规格、生产日期、厂家及厂址、构成或配方、使用说明、生产日期以及英文解释等，其中出现在包装主展示面上的文字往往是设计的重点，如图 5-5 和图 5-6 所示。

图 5-4　包装色彩符合消费群体定位

图 5-5　主展示面上的文字①

图 5-6　主展示面上的文字②

文字设计在包装设计中的应用原则如下。

1. 合理安排视觉流程

包装视觉传达设计中的各类文字需要进行预先的组合安排，以期形成良好的视觉流程。文字的字体种类、大小、结构、表现技巧和艺术风格都要服从包装的总体设计安排，要加强文字与产品总体效果的统一与和谐，有主有次，引导消费者进行阅读。

人们的视线一般从左向右移动：垂直方向上，视线一般是从上向下移动的；视域中内容的倾斜角度大于 45° 时，视线是从上而下的，小于 45° 时，视线是从下向上的。应在最佳视域区间放置主题性文字，主题性文字一般字号比较大，比较粗重，装饰手法比较个性，并且能够将阅读者的视线合理地引导至二级文字的位置。二级文字内容一般是产品种类，三级文字内容一般是广告词汇，四级文字内容一般是含量规格，最后介绍厂家名称。各级文字的装饰逐渐减少，以方便视觉流程的推进。

文字设计的视觉流程应该根据具体的设计构思进行合理安排，不能一概而论。

2. 字体种类不宜过多

在一个包装展示面中，或许需要几种字体，或许中、外文字并用，但字体的种类一般应限于 3 种之内。过多的字体种类组合搭配，会破坏展示面风格的整体性，容易显得画面烦琐和杂乱，会影响包装的整体协调感。（见图 5-7）

图 5-7　同一展示面字体种类不宜太多

3. 搭配得当

文字的设计要服从作品的风格特征安排。文字的设计不能和整个作品的风格特征相脱离，更不能相冲突，否则就会破坏文字的诉求效果。文字设计的成功与否，还在于其运用的搭配排列是否得当。要取得良好的效果，关键在于字体与字体之间、字体与色彩之间、字体与图形之间组合搭配得当，在保持其各自的个性特征的同时，又取得了整体的协调感。为了形成生动对比的视觉效果，可以从风格、大小、方向、明暗度、纯灰度等方面选择搭配的组合形式，以期达到排列疏密有致、清新又富于变化、大小粗细得当、美化构图的效果。（见图 5-8）

图 5-8　字体应搭配得当

四、图形

图形作为包装视觉传达设计语言之一，其设计目的就是要把内在和外在的构成因素，以富有强烈感染力的视觉形象传达给消费者。内容和形式的辩证统一是图形设计应遵循的普遍规律，在包装设计过程中，设计师应根据具体设计内容的需要，选择相应的图形表现技法，使图形设计达到形式和内容的统一。

图形设计在包装设计中的应用原则如下。

1. 信息传达准确

设计师无论采用哪一种图形形式来说明或夸张商品的实际情况，都应当注意抓住商品的主要特征，注意关键部位细节的表达，因为对商品特性的正确引导展示才是图形设计的初衷。（见图 5-9）

由于市场诉求点和消费者定位的不同，图形设计不可能将所有的重要信息元素都放在显要的位置上，设计时应当根据具体情况来决定图形表达的重点，重点元素以外的其他元素可以作为辅助图形来烘托主体图形。果断地削减次要元素可以更迅速而准确地传达商品特性。

用图形传达商品信息时不可避免地需要进行某些艺术加工，但还是应当本着诚实守信的态度去对待，过分的夸张美化会引起消费者的反感，不利于企业或品牌的健康发展。随着包装法规的不断完善，图形的设计和选用应当符合法律规定，不能单从艺术感觉入手，如有特殊原因则必须在包装上声明或先进行法律咨询为宜。

图 5-9　包装图形的信息传达

2. 独特鲜明

超市中同类型商品在销售时大多被放置在一起，如果某种商品的包装拥有一个与众不同的图形设计，不但可以使其避免与同类型商品包装“撞衫”，还可以使包装的视觉冲击力度增强，从而使该品牌在繁多的竞争品牌中脱颖而出。

一个独特鲜明的图形设计首先应当符合销售定位的要求，根据市场需求来让消费者产生共鸣。其次，图形设计不能拘泥于某种定式，反常规的图形设计往往能够在第一时间抓住消费者的视线，有时需要采用逆向性的表达，甚至可能是怪诞化的表现，这样的设计都是针对消费者求新求异的心理需求而产生的。这种有悖于常理的图形设计往往能够给人更为广阔的思考空间，但是应当注意，不能矫揉造作、哗众取宠，以免得不偿失。

总而言之，独特鲜明的图形需要符合包装设计的整体策划需求，并与其他的构成要素和谐统一，以实现包装的整体视觉效果。（见图 5-10）

五、构图

构图是将商品包装主展示面的商标、色彩、图形、文字有机排列组合在特定空间中的架构形式。构图应与包装的造型、结构以及材料相协调，从而构成一个趋于完美的整体视觉形象。不同的构图方式可以使得包装具有不同的视觉美感，同时还能体现不同的文化

内涵。（见图 5-11 和图 5-12）

图 5-10　包装中的独特鲜明的图形

图 5-11　包装主展示面的构图①

图 5-12　包装主展示面的构图②

第二节　纸包装造型与结构设计

纸包装容器是商品销售中应用最为广泛的一个包装类型。纸包装是由纸质或纸塑复合材料制成的容器，具有生产简便、便于印刷、储运空间小、价格低、废弃物易于处理等优点。纸质材料的加工性能、加工技术以及印刷技术均有较长的历史，随着科学技术的不断进步，纸包装的造型与结构也变得非常丰富多样。

根据包装对象的不同，包装设计也需要形成多种不同的表现方式。以纸板等纸材加工组合成型的纸包装容器，同一造型，却可以根据材料特点和功能需求的不同，设计成多种结构主体或封合效果。包装造型与结构设计，主要解决包装的承重、容纳、排列、固定、储运、开启、消费需求等问题，是包装设计中涉及面宽、难度较大且极关键的一个环节。纸包装的结构与造型设计是形成包装实体和实现包装功能的重要环节，在整个设计过程中要与材料选用、加工工艺等紧密结合，才能实现现代包装容器设计的整体功能。

一、纸包装的类型

纸包装类型繁多，按照外观特征，可以分为纸盒、纸箱、纸袋、纸罐和纸浆模塑制品等。

（一）纸盒

纸盒是用纸质板材制成的容量较小且具有一定刚性的纸包装容器。纸盒所采用的纸质板材具有一定的厚度，能够满足包装的刚性需求，又能满足包装加工成型时的工艺技术要求。按纸盒的结构形式分类，主要有折叠纸盒与固定纸盒两大类。

1. 折叠纸盒

折叠纸盒是运用纸或纸板按照设计的特定盒型与结构，通过模切、压线、折叠、插合或粘接成型的一类纸盒，如图 5-13 所示。折叠纸盒所用材料一般为厚 0.3 ~ 1.1 mm、能够反复折叠而不易开裂的耐折纸材。其特点是不装物时可以折叠压成片状堆放，使用时方便撑开折合成盒，具有便于大批量机械加工生产、方便堆放以及节约储运空间等优点，是现代纸盒中应用最广泛、所占比重最大的一类。其又可分为免胶（插扣）式折叠盒与粘贴（固定）式折叠盒两大类。

2. 固定纸盒

固定纸盒又称为粘贴纸盒，是根据一定的盒型设计方案，将一定厚度的纸板经压线、切片后，通过组合粘接或裱糊固定成型，不能折叠成平板状的一类纸盒，如图 5-14 所示。其特点是使用时直接容装物品，保护性能与强度良好，堆码强度高等，一般是通过手工或半机械化生产制作，成本较高，主要用于鞋帽、高档食品和工艺品等的包装。

（二）纸箱

纸箱是与纸盒相对的概念，大者为箱，小者为盒，规格界限目前尚无明确标准。纸箱是运输包装的主要类型之一，多体现为大包装，如图 5-15 所示；纸盒包装则多体现为以销售为目的的小包装或中包装，需要组合装入纸箱后才能进入流通过程。纸盒包装与纸箱包装在设计上有很多相通之处，同时，由于在储运与销售使用功能上的差异，在设计上又有着不同的侧重。

（三）纸袋

纸袋是用牛皮纸等制成的袋型包装容器，如图 5-16 所示，一般都采用柔韧性较好的纸质材料加工制作。其特点是容量小，可带提手，使用方便。销售性纸袋主要是产品包装袋、商品购物袋、礼品包装袋、广告包装袋、装饰包装袋等。纸袋包装因其强烈的展示特点也成为非常理想的流动广告，极具传播性。它可以用来盛装产品，也可以用来宣传企业形象。

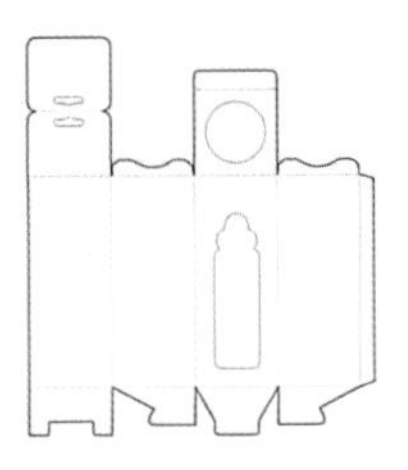

图 5-13　折叠纸盒

图 5-14　固定纸盒

图 5-15　纸箱

图 5-16　纸袋

（四）纸罐

纸罐是由纸板制成的罐状或桶状容器，一般要增加衬里和涂层，以获得所需的物理、化学性能。这种纸复合包装形式具有较高的强度和防渗透性，主要用于盛装干性粉末状或颗粒状的商品，例如盛装茶叶等。

（五）纸浆模塑制品

纸浆模塑制品是指纸浆通过模具成型后，经干燥处理制成的包装容器，所用原料多为麦秸、芦苇、竹子、甘蔗渣及纸制品废弃物等。其特点是成本较低、制作精度要求不高、保护性能好等，主要用于运输包装领域。

二、纸盒包装的基本构造及术语

纸盒包装一般都是由承压负重的底部、容装实物的盒身、封合顶端的盖部（含插舌和摇翼）三部分构成。纸盒以方体折叠盒为基本代表型，基本结构（见图 5–17）为：盒身一般是由四面壁板围合折扣或粘接（钉合）组成套筒形式；底部由盒身壁板下端连接的摇翼设计成盘式或特定形式的盒底承重封合结构；盖部则由壁板上端连接的盖板和摇翼设计成特定的盒盖封合与开启结构。

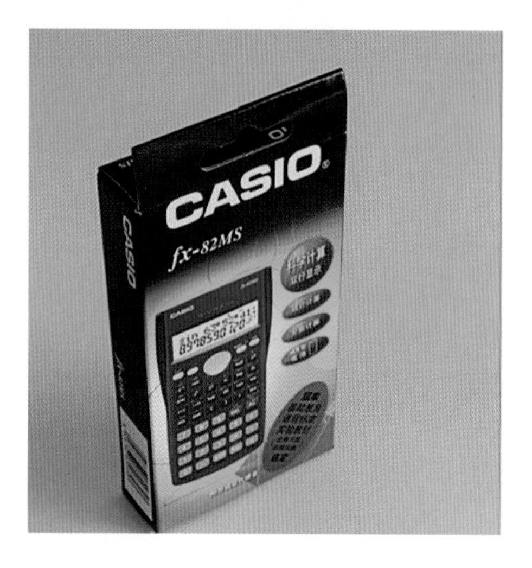

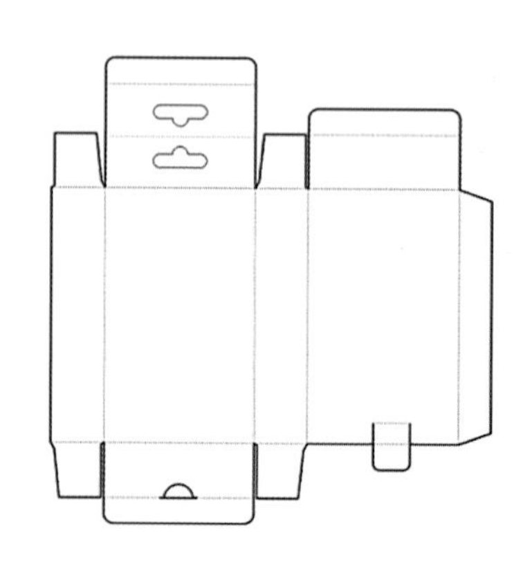

图 5–17　方体折叠盒基本结构

三、折叠纸盒的基本类型

（一）管式折叠纸盒

管式折叠纸盒是最为常见的包装形式。在成型过程中，盒盖与盒底都需要摇翼折叠组装固定或封口，大多为单体结构（即展开结构为一个整体），在盒体的侧面有一个用于粘接的襟片。以下列举部分常用的管式折叠盒型。

1. 插入式

插入式的盒型封口时先将两侧摇翼折盖，然后将摇盖封盖，插舌插入盒体与壁板的缝隙。这种结构主要是利用插舌、摇翼和壁板之间的摩擦力实现，封口强度较差，封底盒面面积越大，负荷量越小，但便于消费者购买前开启观察，以及多次开启使用和还原，适用于小型化、轻量化的产品。

实际使用时，为了提高插入式折叠纸盒封口的强度和可靠性，需要在摇盖和插舌的压痕线两端设计锁口，当插舌插入盒内时，因锁口卡在摇翼下，摇盖不能自行弹开。

插入式折叠纸盒基本结构如图 5–18 所示。

2. 锁底式

锁底式折叠纸盒通过正、背两个面的摇盖相互插锁封合。锁底封合强度可靠性较高，主要应用于中小型包装。

锁底式折叠纸盒基本结构如图 5-19 所示。

3. 插锁式

插锁式是在插入式的基础上发展而来的一种纸盒结构，这种盒型摇盖受到双重的咬合，封口强度高，可靠性强，适用于内装物较重的场合。

插锁式折叠纸盒基本结构如图 5-20 所示。

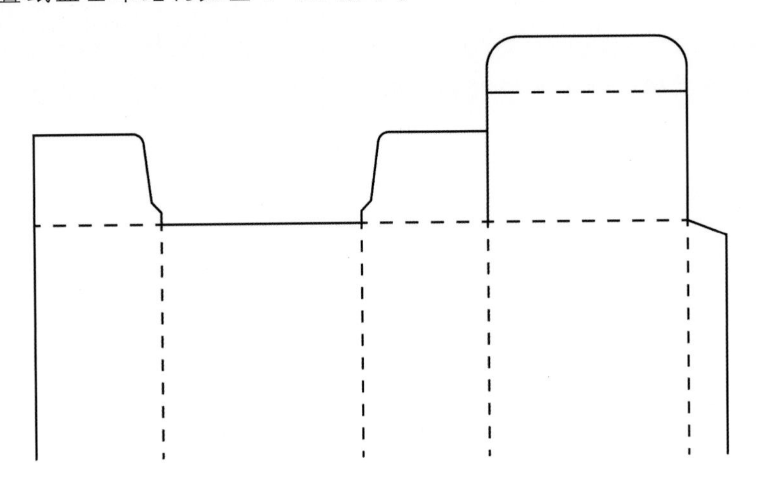

图 5-18　插入式折叠纸盒基本结构

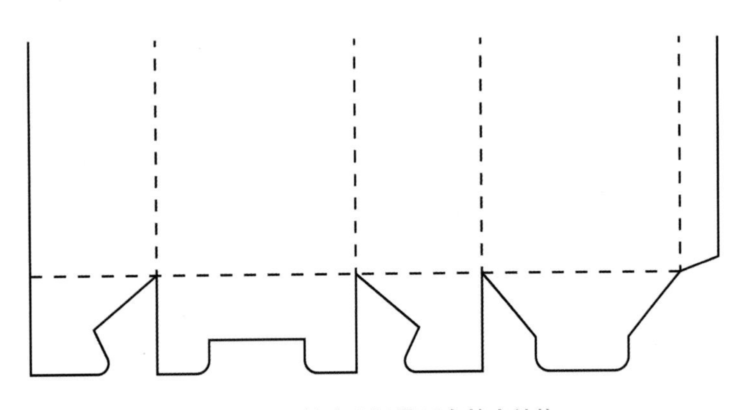

图 5-19　锁底式折叠纸盒基本结构

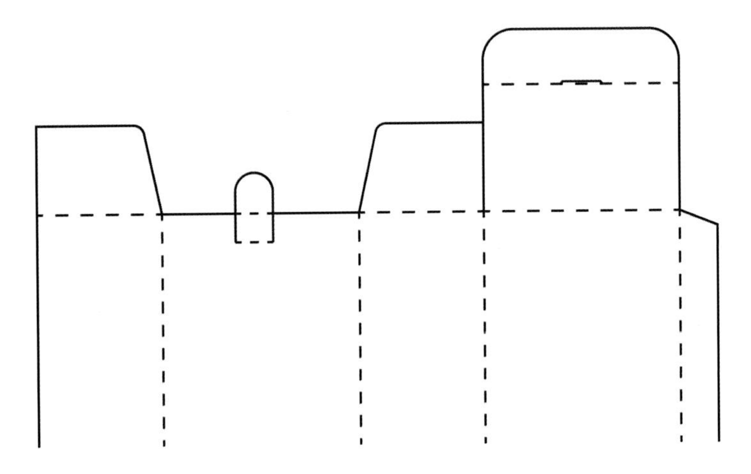

图 5-20　插锁式折叠纸盒基本结构

4. 连续插别式

连续插别式折叠纸盒是通过与各壁板相连的摇盖的依序插别、互锁，实现对盒口的封盖的，插别后能够形成精美的图案，每个摇盖的轮廓都是所形成图案的一部分。这种锁口方式造型优美，极具装饰性，但需手工组装，开启和还原都比较麻烦，适用于礼品包装。

连续插别式折叠纸盒基本结构如图 5-21 所示。

5. 黏合式

黏合式是指将与壁板相连的摇盖相互黏合实现封口的方式。这种结构可用于封口和封底，强度高，密封性好，承重能力强，安全可靠。

黏合式折叠纸盒基本结构如图 5-22 所示。

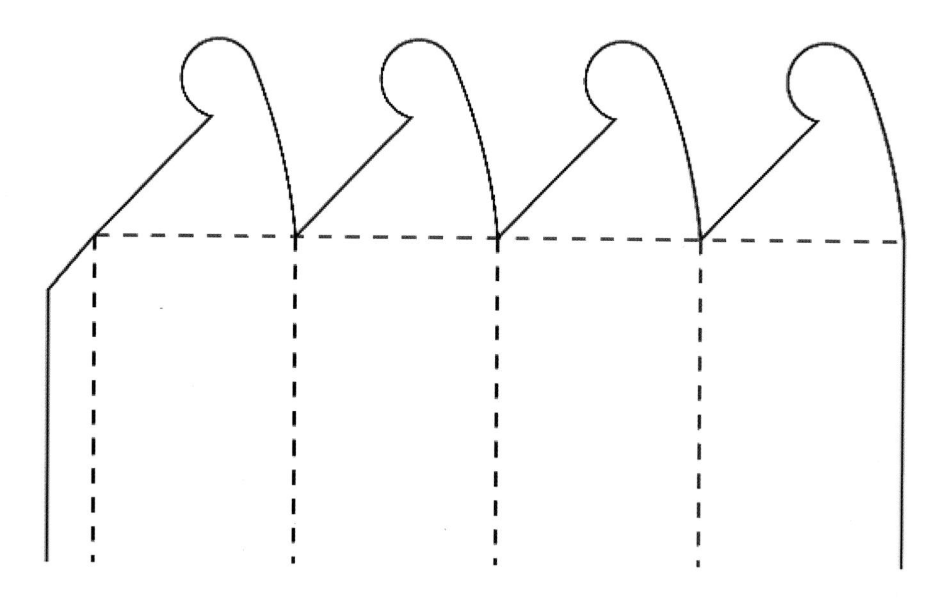

图 5-21　连续插别式折叠纸盒基本结构

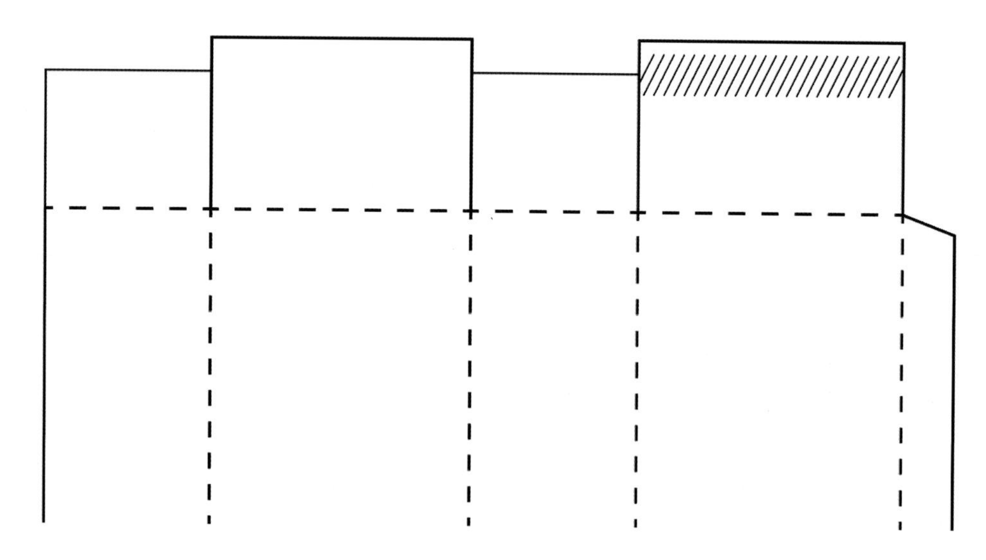

图 5-22　黏合式折叠纸盒基本结构

6. 揿压式

揿压式是利用纸板自身的强度和挺度，以盒体上的直线或弧形压痕线为揿压变形线，揿压下封盖的摇盖，实现封口。揿压式封口结构简单、操作方便，但强度较差，适用于内装物较轻的场合。

揿压式折叠纸盒基本结构如图 5-23 所示。

7. 自动锁底式

自动锁底式由锁底式结构变化而来，这种纸盒能折成平板式，在展开成框型时，盒底会自动进行锁底，也可以进行部分粘接，盒底承受力较强，可以盛装瓶装酒等较沉重的物品。

自动锁底式折叠纸盒基本结构如图 5-24 所示。

8. 间壁式

间壁式是将盒底 4 个摇翼部分设计成封底的同时，形成可把盒内空间分割成数格的不同间壁，采用这种形式可以有效固定包装内产品，防止震动，比额外增加内壁结构的部件节约纸张，纸盒的抗压性能和挺度也有所增加。

间壁式折叠纸盒基本结构如图 5-25 所示。

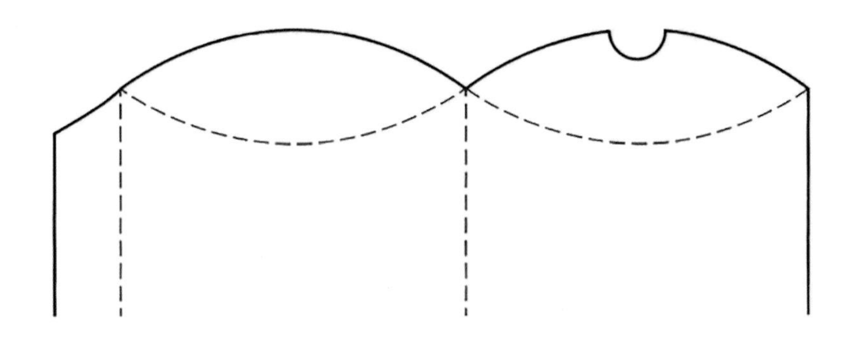

图 5-23 揿压式折叠纸盒基本结构

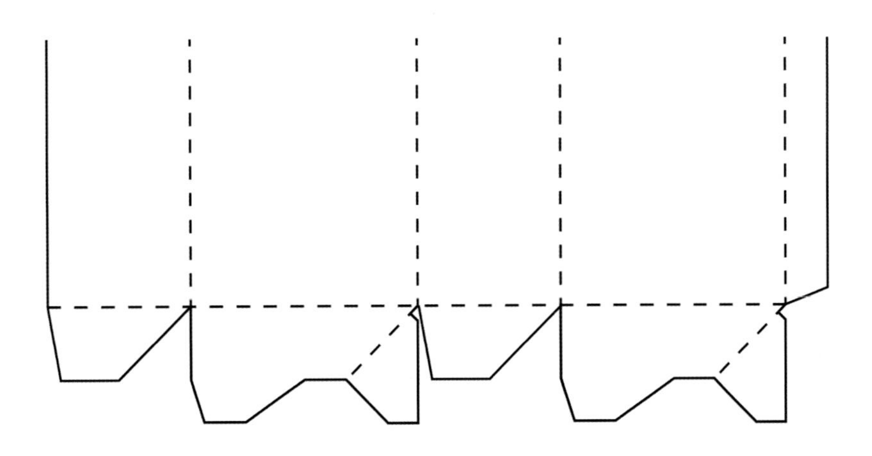

图 5-24 自动锁底式折叠纸盒基本结构

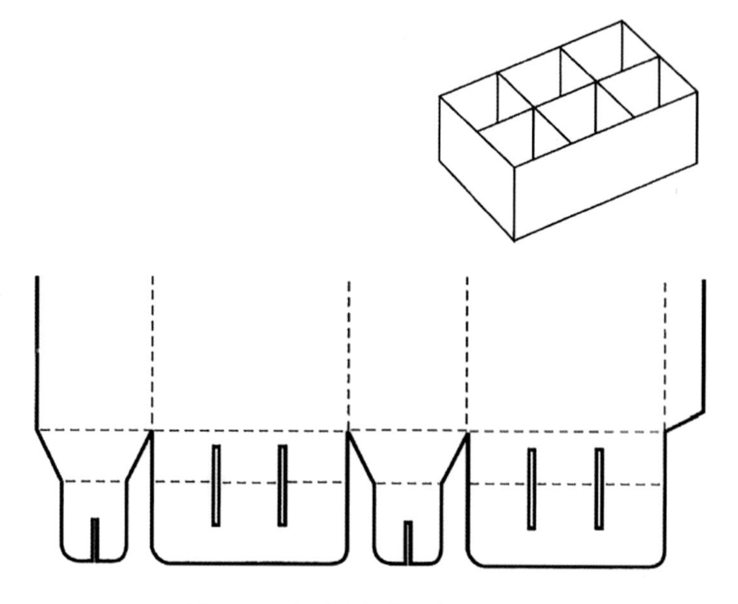

图 5-25　间壁式折叠纸盒基本结构

9. 一次性撕裂式

一次性撕裂式折叠纸盒是利用锯齿状裁切线，在开启包装的同时使包装结构破坏，不能还原，属于一次性的防伪包装，适用作药品包装或小食品包装。

一次性撕裂式折叠纸盒基本结构如图 5-26 所示。

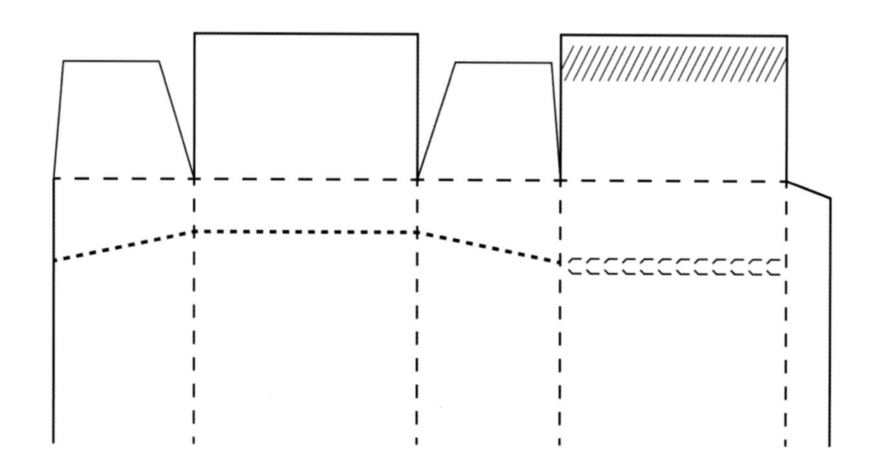

图 5-26　一次性撕裂式折叠纸盒基本结构

（二）盘式折叠纸盒

盘式折叠纸盒的盒盖位于最大盒面上，高度相对较小，负载面积较大，是由纸板四周进行折叠咬合、插接或黏合而成型的纸盒结构。这种盒型多用于包装纺织品、鞋帽、食品以及工艺品等。

1. 摇盖式

摇盖式折叠纸盒是对壁板延长部分加以设计，将其加工成盒盖，并以盒盖和壁板相连的压痕线为轴实现封盖，属于一页成型盘式折叠纸盒。

摇盖式折叠纸盒基本结构如图 5-27 所示。

2. 罩盖式

罩盖式结构的盒盖和盒体是两个独立的盘式结构，均为敞开式，盒盖的内尺寸略大于盒体上口的外尺寸，以保证盒盖能够顺利地罩盖在盒体上。

罩盖式折叠纸盒基本结构如图 5-28 所示。

罩盖式折叠纸盒依其盒盖与盒体的封盖形式，分为天罩地式、帽盖式和对扣盖式 3 种类型。

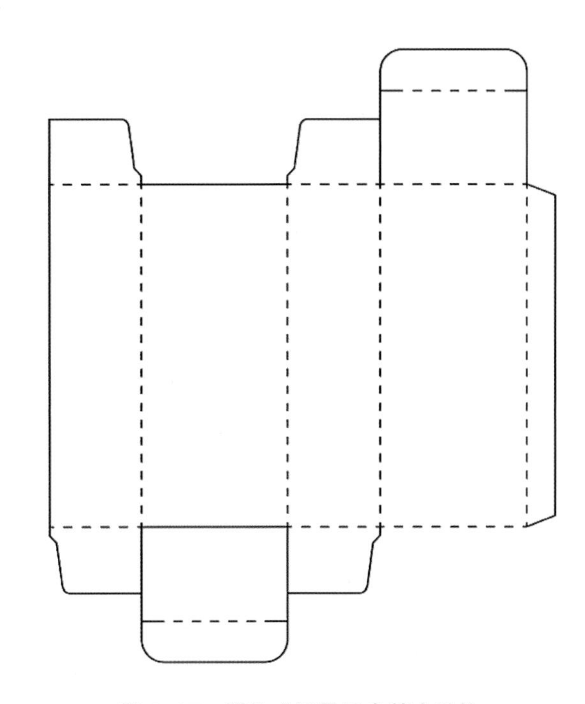

图 5-27　摇盖式折叠纸盒基本结构

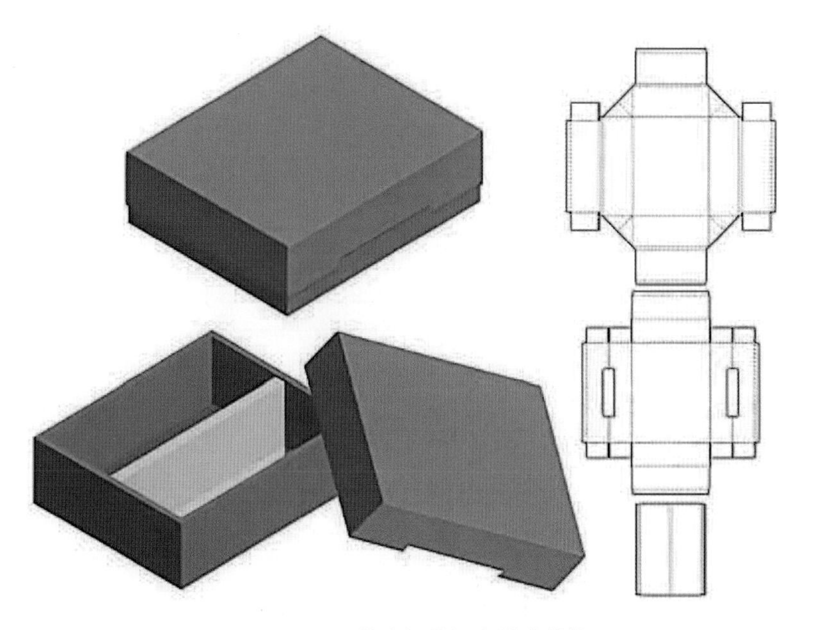

图 5-28　罩盖式折叠纸盒基本结构

天罩地式盒盖高度等于或略小于纸盒总高度，封盖后盒盖几乎可以把盒体全部罩起来。

帽盖式盒盖高度小于纸盒总高度的一半，一般只罩住盒体上口部分。

对扣盖式盒体上口边缘带有止口，盒盖在止口处与盒体对正，外表面齐平，盒全高等于盒体止口高度与盒盖高度之和。

3. 抽屉盖式

盒盖为一体管式成型的套盖，盒体为盘式成型，两者各为独立式结构，盒体可以在套盖内抽出或推进实现开启或封盖。

（三）异型折叠纸盒

广义上，除了直角六面体之外的其他盒型都可以被称为异型。异型盒是在基本盒型的基础上变化加工而来的，其充分利用了纸质板材的特性和成型特点。但是，异型盒大多制作成本较高，在使用时应当慎重考虑。

1. 斜线设计

在折叠纸盒的适当位置设计倾斜压痕线或裁切线可以使盒型发生变化，如图5–29所示。

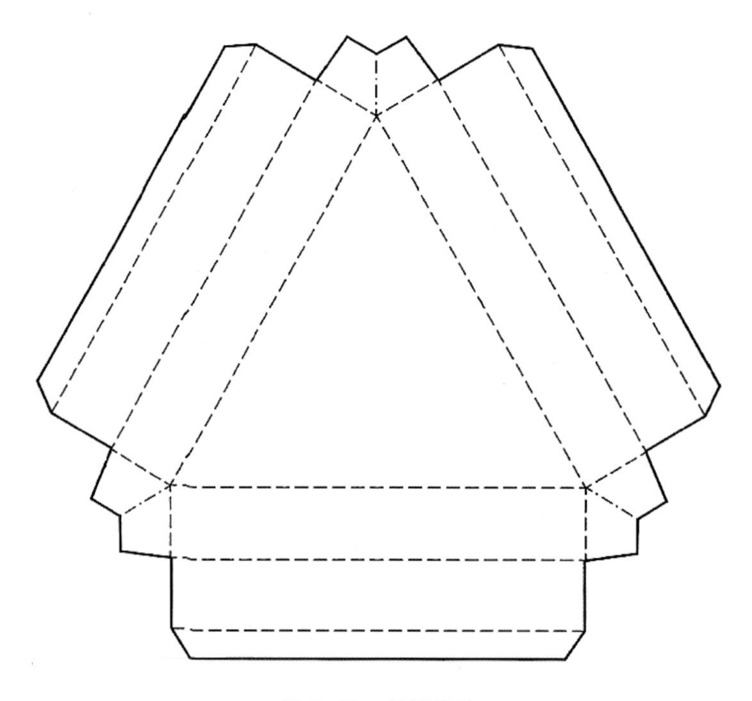

图 5–29　斜线设计

2. 曲拱设计

利用纸板的可弯折性，在适当位置进行弧形压痕线设计，可使纸盒在成型时表面形状不规则，如图 5–30 所示。

3. 角隅设计

在纸盒的角隅处进行变形设计，可改变原直角六面体纸盒呆板的形象，如图 5–31 所示。

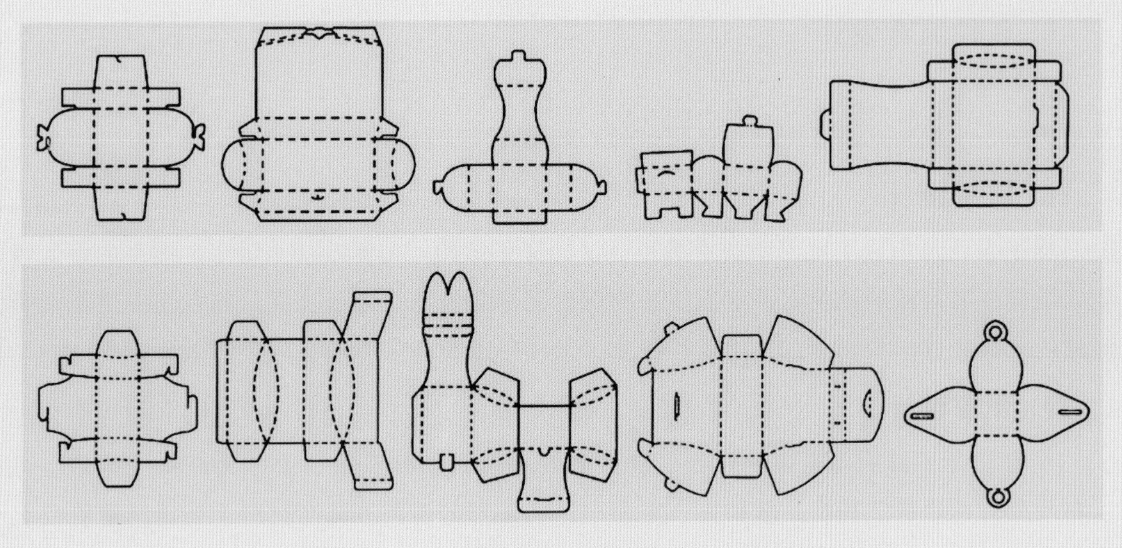

图 5-30　曲拱设计

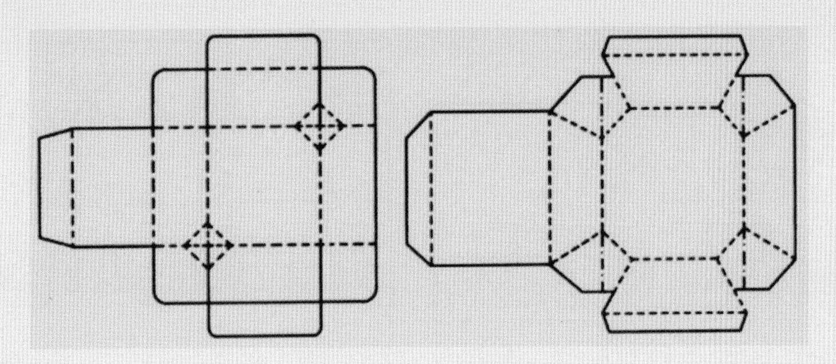

图 5-31　角隅设计

4. 组合设计

组合设计是指将单个内装物的包装组合起来形成纸盒主体，如图 5-32 所示。组合盒是指两个以上基本纸盒在一页纸上成型，且成型后仍然可以相互连接，从整体上组成一个大盒。

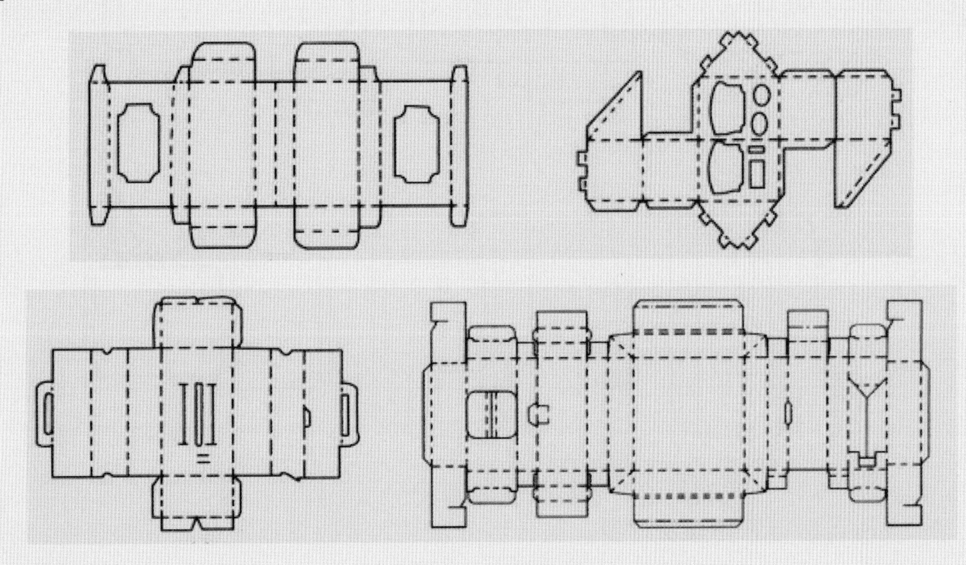

图 5-32　组合设计

5. 多件组合设计

多件组合是一种多件包装方式，主要用于包装玻璃杯、饮料瓶、饮料罐等硬质刚性易损产品，一般为一页成型，且单行排列，如图 5-33 所示。

6. 提手设计

提手设计是指为了便于消费者携带而设计提手结构，如图 5-34 所示。提手的设计需要保证提手有足够的强度，不能因提手的设置而削弱盒体或局部强度，并且还应满足消费对象的人体工程学要求。如果是高档纸盒，则提手部分还应有适当的装饰效果。

7. 开窗设计

开窗设计可以展示内装物，吸引消费者注意，激发其消费欲望，促进商品销售。可以在一面、两面或三面上连续切去一定面积，切去部分要蒙罩透明材料（如塑料薄膜或玻璃纸等）防尘。（见图 5-35）

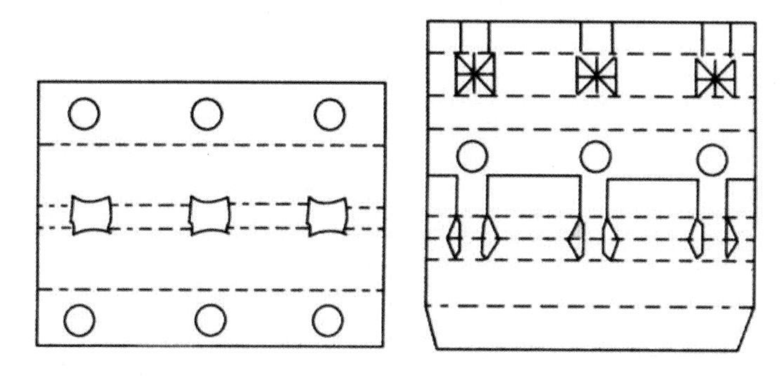

图 5-33　多件组合设计

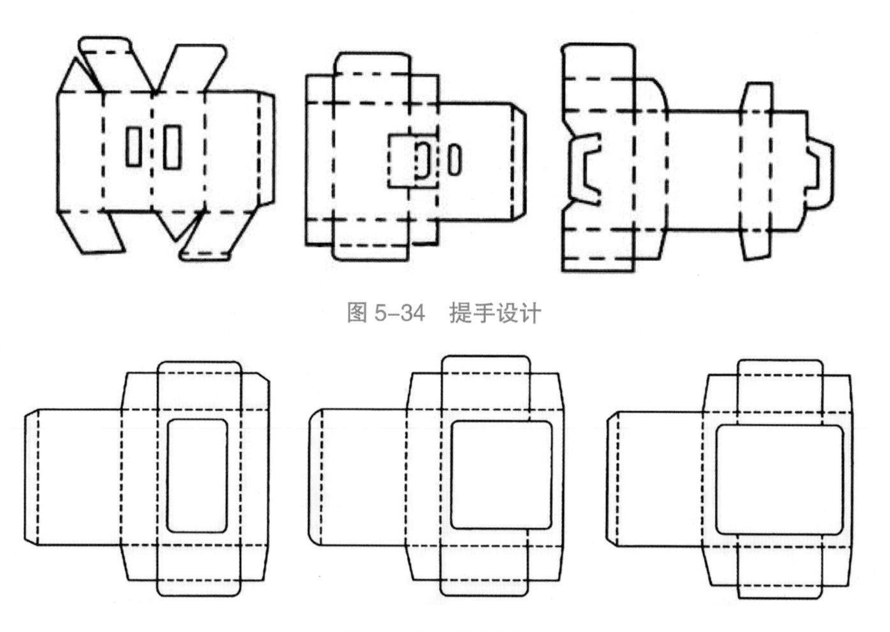

图 5-34　提手设计

图 5-35　开窗设计

注意：应防止插舌遮挡开窗位置，防止因开窗过大或过多而削弱包装的强度，防止在纸盒的棱线上开窗而削弱包装的强度；开窗形状、位置和大小要与产品形象协调。

8. 展示设计

采用展示设计的折叠纸盒具有良好的生产性能，可以大批量机械化生产，其结构简单，既便于折叠成盒，又可以折叠成展台，具有一定的强度和刚度，在预定的展示时间内可保持盒型不变。部分盒型可以兼做 POP 包装。展示型纸盒一般有悬挂式结构、展示板结构、展销台结构、陈列台结构、取物口兼做陈列台结构和运输展示两用结构等。（见图 5-36）

9. 拟物设计

拟物设计是指通过包装造型设计模仿一些自然界动物、植物以及人造物的形态特征，通过简洁概括的表现手法，使包装形态更具新鲜感、生动性和吸引力。但应注意，拟物象形做到神似即可，因为拟物型纸盒是一个商品包装，既要考虑造型又要满足功能。（见图 5-37）

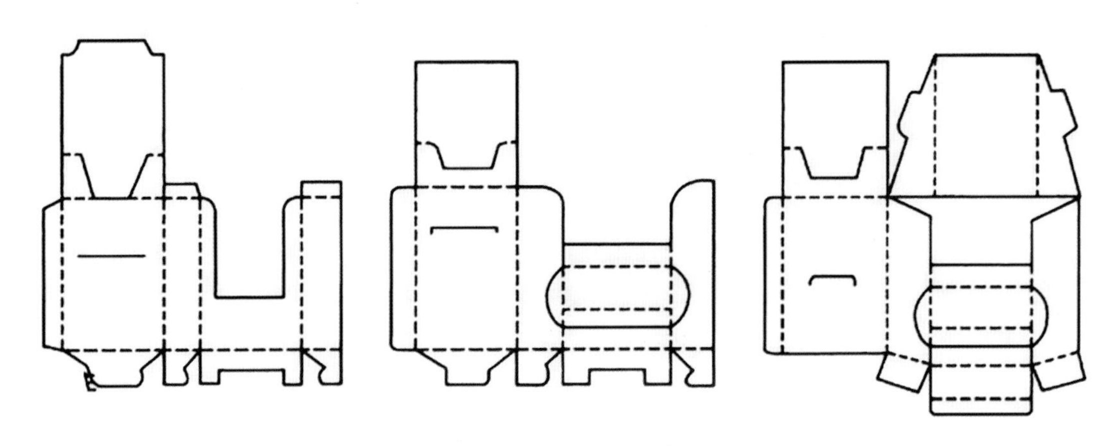

图 5-36　展示设计

图 5-37　拟物设计

第三节　纸盒包装模型制作

纸盒包装模型，又称手样，英文为“hand sample”。在设计任务结束后，客户希望能够预先看到真实、正确的样品，以做出最后的评价并进行大批量的生产，所以理论上纸盒包装模型需要和量产的包装完全一样，由此判断日后成品纸盒包装可能出现的问题，例如，是否适合内装物的要求、储运是否安全、是否符合人体工程学要求、是否达到预期目标等。如果忽略制作纸盒包装模型这个步骤，待大批量生产出纸盒成品后再发现错误则追悔莫及。

一、纸盒包装模型制作标准

（1）纸盒包装模型的制作必须选用将来量产时所用的纸材。

（2）如果设计方案未选定纸材，则需要提供由相关纸材制作的纸盒包装模型。

（3）模型的尺寸必须标准，以作为日后量产的依据，甚至还需要将真实内装物产品放在纸盒包装模型中进行确认。

（4）如果纸盒是有特殊功用的，例如为防震包装、微波炉适用包装、冰冻包装等，则除应使模型所用的辅助性材料和功能性材料与量产时相同外，还应对模型进行试验确认。

（5）量产前，需使用纸盒包装模型进行相关的试验，例如测试抗压系数、跌落高度等。

（6）模型的制作必须标准化，工艺必须达标。粗糙的模型不能体现商品应有的价值。

二、纸盒包装模型制作方法

（一）模型制作的工具

模型制作需使用以下工具：

（1）制图工具，如直尺、圆规、丁字尺、平行尺等，以进行纸盒结构图的绘制，应当力求尺寸准确。

（2）铅笔，用来在纸材上绘制纸盒结构图。

（3）美工刀，用来裁切纸盒的结构样板。

（4）胶水、铁钉，在纸盒的立体化过程之中使用，应力求与量产品种相同。

（5）打印机，用来在纸材上打印包装的视觉传达部分。因不是正式印刷，色彩方面不免失真，需要提供色彩的印刷数据以及色谱备查。

（二）模型制作的流程

（1）在电脑上制作包装平面展开图，指明纸材厚度并在相关尺寸上做出预留（预留出出血）。

（2）使用打印机把包装平面展开图打印在预先准备好的纸材正面。

（3）在纸材的反面，根据打印稿位置，使用铅笔和绘图工具绘制包装的结构图。

（4）使用美工刀和直尺等工具，按照结构图进行裁切和压痕。在压痕部位可以使用美工刀的刀背进行适度的切割，也可以使用金属尺按压纸材，以方便纸盒的折叠。

（5）按照结构图要求将纸盒折叠成型，并使用胶水或铁钉固定。

（6）如果有附加物设计，则需要同时添加附加物，例如丝带、标签以及开窗处的塑料膜等。

（7）检查无误后，制作完成纸盒包装模型。

纸盒包装模型如图 5-38 和图 5-39 所示。

图 5-38 纸盒包装模型①

图 5-39 纸盒包装模型②

第四节 纸包装容器设计案例

1.“阿香”鲜花饼包装容器造型设计（设计者：丁佳欣）

案例设计说明如下：

该案例设计灵感来源于云南的民族服饰。云南是一个少数民族特别多的地方，其少数民族服饰很有特色。设计意在体现商品“花香四溢，馅料殷实，口感酥糯”的特点，也暗指生产企业希望让每一个顾客能感受到花香、花味。设计师依据商品不同的口味及规格进行了不同类型的系列包装容器造型设计，如图 5-40 所示。

2.“SUNSEL”咖啡包装设计（设计者：李雪婷）

案例设计说明如下：

该案例主要是结合生活化的图形图案进行“SUNSEL”咖啡包装设计制作，依据商品的主要消费群体——白领的工作环境及需求进行包装容器造型设计，如图 5-41 所示。

·包装设计应用

·延展包装设计应用

图 5-40 “阿香”鲜花饼包装容器造型设计

SUNSEL品牌与包装设计

对回不去的时光说再见
以后的日子请尽情享受
手捧一杯咖啡的轻暖
肆意漫步
车水马龙
而眼神肆意流连

色彩搭配▼

包装设计▼

图 5-41 “SUNSEL”咖啡包装设计

课后习题

1. 完成以下学习任务。

任务目标：手工制作各类纸盒包装模型，了解其结构特点与适用范围。

任务要求：认真仔细体会纸盒包装造型结构的设计规律，分析其制作成本。

任务评价标准：纸盒包装模型各组成部分的尺寸精确，制作的模型具有实用价值。

2. 收集不同的纸盒结构图纸，尝试自己设计出原创性纸盒结构。完成一套系列化纸包装容器造型设计，并在设计过程中注意其系列化的表现。

第六章 硬质包装容器造型设计

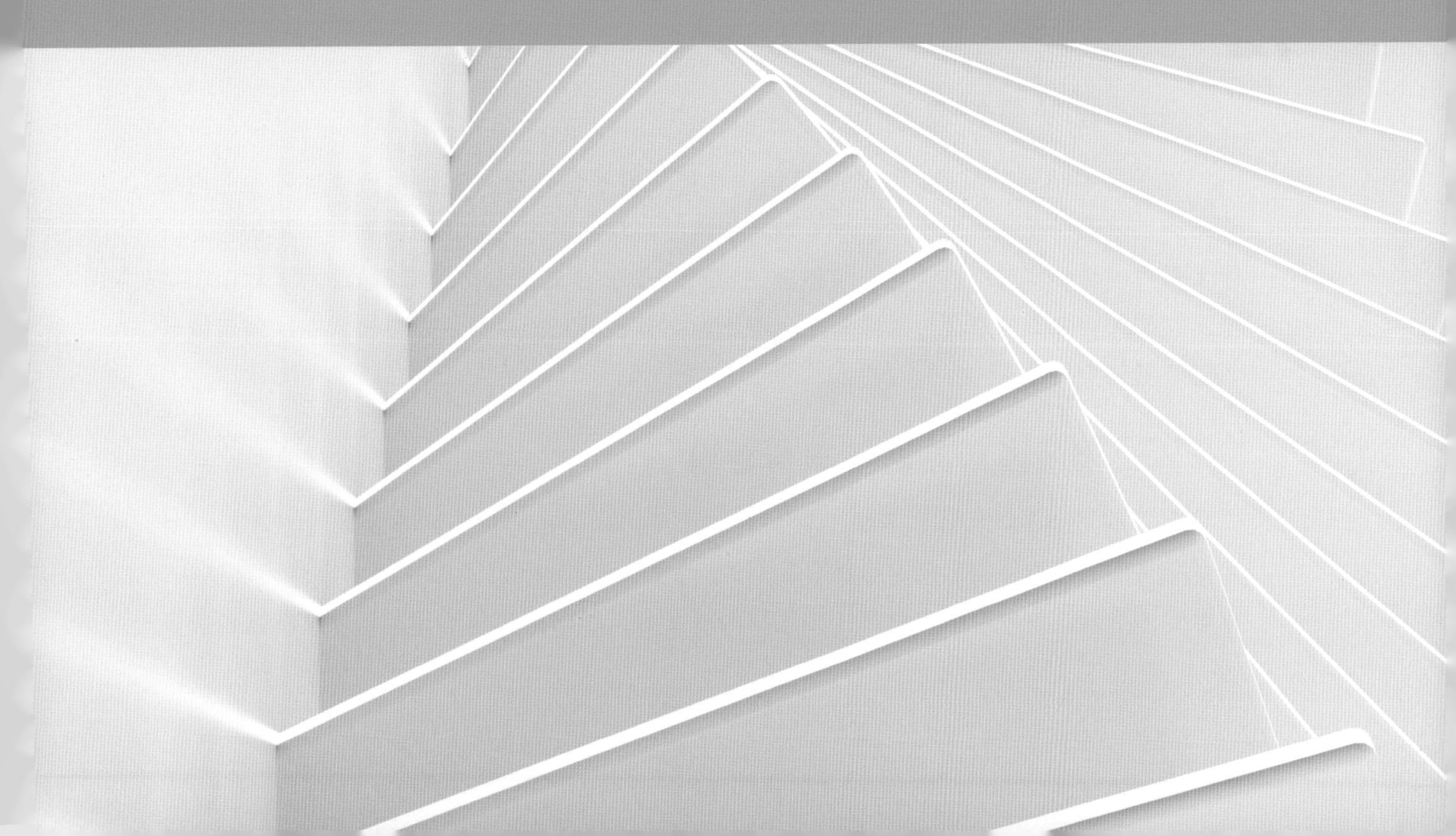

本章所提及的硬质包装容器属于硬质销售包装范畴，一般是由模具生产成型的玻璃、陶瓷和塑料瓶罐类包装容器或者本身具有较高的强度和刚性、在充填或取出内装物后外部形状基本不发生变形的包装容器。硬质包装容器是盛装液态、颗粒状、粉状、片状、糊状等物品的主要器具，以其造型的多样性和艺术性，反映出内装物的特征和格调，广泛应用于工业生产和日常生活中物品储运与消费。

硬质包装容器设计是造型艺术与包装实用技术相结合的综合性创造活动，除了应保障包装基本功能外，还应根据内装物的特点，运用美学原则，通过运用硬质材料和加工手段对包装容器的外观形体进行设计。包装造型设计研究的是容器外观形体效果，追求的是包装容器的形体美、材料美和工艺美的完美结合，是与现代化工业大生产相适应的一种产品设计。硬质包装容器是相对于半硬质或软质的盒袋式包装而言的，由于材料特性和生产工艺、方式不同，在造型规律上也有独特的体现，因此需要使用相关的专业知识和技术方法来进行设计。

硬质包装容器的结构设计应符合包装容器的结构设计原则。

第一节　包装容器的结构设计原则

包装容器的结构设计需要满足很多功能要求，不同的包装容器使用不同的包装材料，各种材料的包装容器成型工艺不同，包含很多科技成分，也包含很多艺术与审美成分，必须遵循以下设计原则，使设计达到最理想的效果。

一、要考虑产品自身的性质

对于易碎怕压的商品，应该采用抗压性能较好的包装材料及结构，或者再加上内衬垫结构，来确保商品的完整性。对于怕光的商品，需做避光的处理。例如鲜鸡蛋的包装，通常采用的是一次成型的再生纸浆容器，抗压性好，减少碰撞与挤压带来的损失，如图6-1所示；又如胶卷类的包装，就需要采用密闭的结构和避光的材料，黑色塑料瓶的使用就是为了达到这个目的。

二、要考虑商品的形态与重量

商品的形态多以固体、液体、膏体为主，不同的形态和体积所产生的重量不同，对包装结构底部的承受力的要求也是有区别的。比如，液态的商品通常采用的容器为玻璃瓶，重量较大，要注意外部纸盒包装结构底部的承受力，以防商品掉落，所以外部纸盒包装多采用插别锁底和预粘式自动锁底。许多玻璃器皿、瓷器等的包装中还要添加隔板保护以避免相互碰撞。另外，固体的商品包装结构要便于商品的装填和取用，盒盖的设计非常重要，既要便于开启又要具有锁扣的功能，避免商品脱离包装。

小家电、箱装饮料等商品有一定的重量，就要考虑采用手提式包装结构，以便于消费者携带，如图 6-2 和图 6-3 所示。

综上所述，商品的形态与重量决定了设计师采用何种形式的盒盖和盒底。

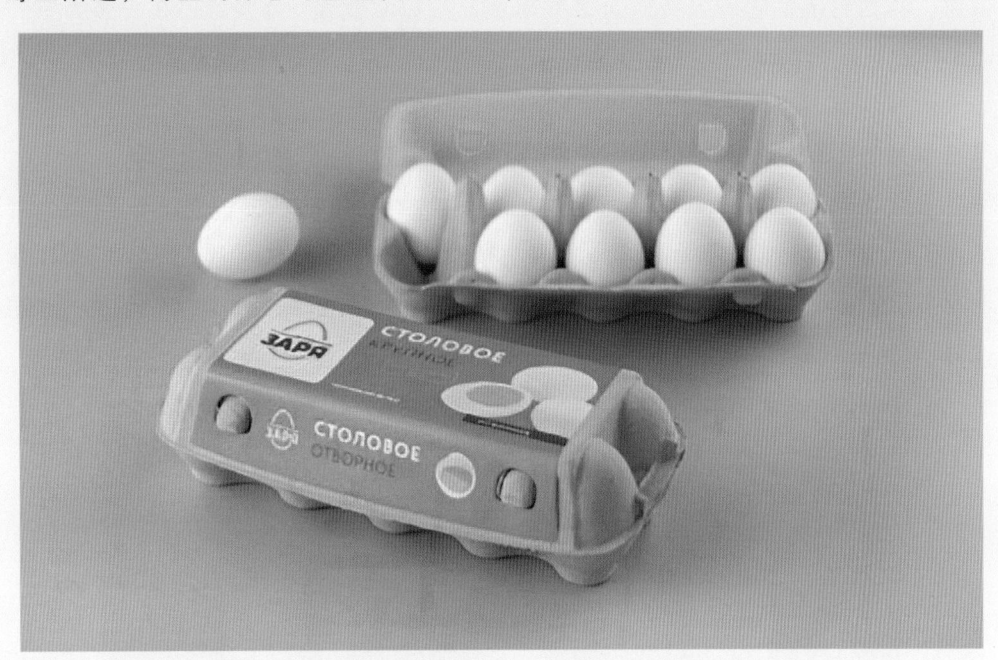

图 6-1　再生纸浆包装容器造型设计

图 6-2　小家电包装容器造型设计

图 6-3　箱装饮料包装容器造型设计

三、要考虑商品的用途

商品的用途不同也对包装的结构有不同的要求，设计师对这一点也要充分考虑。对于需多次、长时间使用或食用的商品，不仅要在视觉上频繁刺激消费者，而且要在设计上采用方便重复开启闭合的包装，对其结构设计就要追求美观性、耐用性；对于供一次性使用或食用的商品，消费者会打开，继而弃之，在结构的设计上就要求简洁些。

四、要考虑商品的消费对象

不同的商品有着不同的消费群体，即便是同一品种的商品也会有不同的消费对象，因而商品的规格设计也就不同，进而就要求有相适应的包装造型和容量。如超市卖的冷冻鸡肉类食品，消费对象多是家庭用户，鸡腿、鸡翅类通常采用 1 kg 规格的塑料袋装或盒装，这样的商品包装量是适合普通消费家庭一次食用的，较受消费者的欢迎；如果量过多就会影响销售。再如铅笔，它的消费对象多是学生，应以 6 支装、4 支装、3 支装为宜，因为学生，尤其是低年级的学生，更喜欢新奇多变；如果采用 12 支装、24 支装就会影响销售。还比如大米的包装，家庭装的多为袋装和桶装，通常为 2 kg/ 袋、2.5 kg/ 袋、5 kg/ 袋，而适用于机关团体食堂的就多采用编织袋装，通常为 20 kg/ 袋、50 kg/ 袋。

另外，考虑商品的消费对象还可以从包装容器的结构艺术方面着手。例如，对于儿童用品，则注重包装结构方面的童趣，通常采用拟物的结构形式设计，从而迎合儿童的消费心理；对于女性常用的化妆品，在结构形式上通常注重追求线条的柔和、优美，如图 6–4 所示；对于男性用品，通常注重使其包装结构庄重、大方。

图 6–4　化妆品包装容器造型设计

这种以人为本的包装设计，是对消费者的尊重与关心，有助于商品良好形象的树立。在现代激烈的市场竞争中，这也是争取消费者信任、提高效益的一种手段。

五、要符合环境保护的要求

随着人们环保意识的增强，绿色环保已经成为社会大众共同的追求。包装材料的使用、处理，同环境保护有着密切的关系。如玻璃、铁、纸材等都是可以回收利用的；某些塑料相对难以回收利用，烧毁时又会对空气产生污染。这些在使用时应加以考虑。像秋林食品的大列巴面包曾使用豆包布、通过丝网印刷的方式进行包装，这种包装材料可重复利用、可再生、易回收处理，对环境无污染，同时还给消费者带来一种亲近感，赢得了消费者的好感和认同，也有利于环境保护并与国际包装概念接轨，从而为企业树立了良好的环保形象。

设计师选用包装材料时，还应当考虑到具体商品是否需出口及出口国家对材料使用的规定和要求。就拿我国销往瑞士的脱水刀豆来说，原设计为马口铁罐的包装，但因铁罐在瑞士难以处理，并不受欢迎，后经市场调查重新定位，将其改为纸盒的包装形式，这样一来既轻便又便于回收处理，很受瑞士国民的欢迎，大大促进了销量。再如，许多西方国家对塑料袋的使用都是明令禁止的，出口这些国家的商品包装通常都采用纸袋的形式，以对环境保护做出贡献。

六、要符合储运条件的要求

产品从生产到销售，要经历很多环节，其中储运是不可避免的。为便于运输储存，包装一般都应能够排列组合成中包装和运输的大包装。为了便于摆放、节省空间、减少成本核算，运输包装一般都采用方体造型。对于不规则的销售包装，为使其装箱方便、节省空间和避免异型包装的破损，需要在其外部加方体包装盒，或者通过两个或两个以上不规则的造型组合成方体的形式节省储运空间。除此以外，空置的包装也要考虑到能否折叠压平码放来节省空间；销售人员在销售过程中使用包装是否方便快捷也要作为设计的重要条件。这就要求包装设计人员必须具备专业的包装结构知识，不但要考虑展示宣传效果，更要使包装结构简便易懂，让销售人员在用折叠压平的包装做立体包装时能准确操作。对于图 6-5 所示的蜂蜜包装容器，就应设计外包装或防撞挡板等以使其安全储运。

图 6-5　蜂蜜包装容器

七、要符合陈列展示的要求

商品包装的陈列展示效果直接影响商品的销售。商品陈列展示一般分为三种形式，即将商品挂在货架上、将商品一件件堆起和将商品平铺在货架上，所以，商品包装通常在结构上采用可挂式包装、POP式包装、盒面开窗式包装等。不管怎样，采用不同的包装结构时均应力求保持尽可能大的主题展示面，以便为装潢设计提供方便。

八、要符合与企业整体形象统一的要求

设计一个包装，不仅仅要解决这个包装的自身形象、信息配置等问题，还要合理地处理它和整个系列化包装的关系，以及此包装和整个企业视觉形象的关系等。包装设计必须在企业形象识别系统（corporate identity system，CIS）计划的指导下进行。符合系列化规范设计与制作的包装是现代企业经营管理与参与市场竞争的必要手段，它可以让企业在展示自身形象与对外进行促销活动时，提高管理水平，降低成本，同时保持高质量的视觉品质。

九、要符合当前的加工工艺条件的要求

生产加工是实现设计创意的手段，设计师需要不断了解设备更新改进的情况，提高自身对技术力量等的认知，以适应设计的要求。但是，技术设备的更新换代毕竟需要一定的条件、时间、资金，设计者主要应对当前的加工工艺条件进行充分的了解，并使设计与之契合。还要注意的是，销售包装一般尺寸较小，在设计时要考虑相关材料（如纸张）的利用率，避免浪费。

例如，采用纸材制作包装结构，在拼版时应注意设计方案的排列方式，如图6-6所示，尽量减少纸张的浪费，节约成本。设计的展开图如横向拼，可能会造成纸张的很大浪费；改变拼版时展开图的摆放方式，不仅可以减少纸张版面的浪费，且可以增加在单位纸张上的印刷数量。

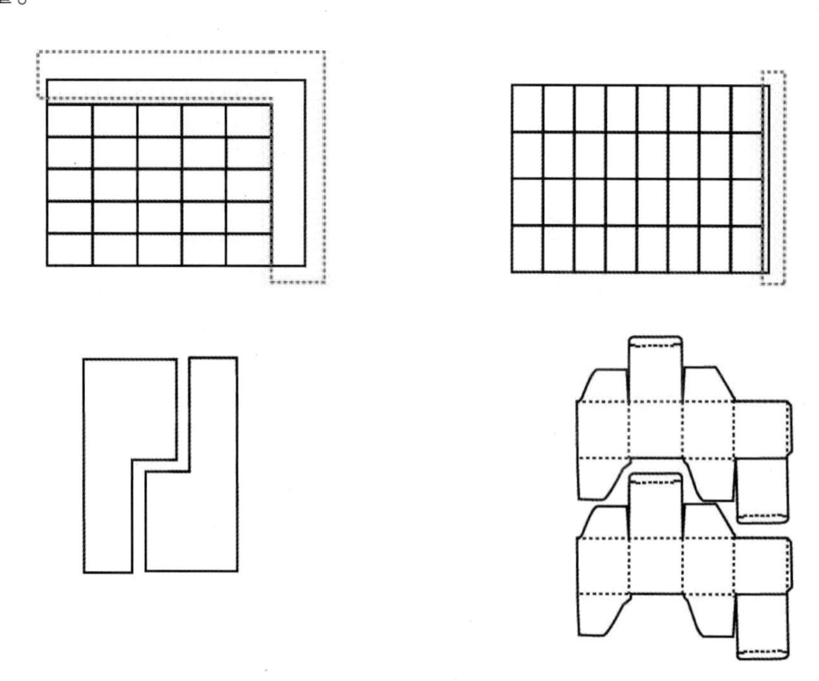

图6-6 设计方案的排列方式

第二节　硬质包装容器的构成部分

销售包装容器在采用玻璃、陶瓷、塑料等制作材料时，其基本造型原理与表现手法、生产方式都属于同一类型，没有根本性的区别。一般情况下，我们把此类硬质包装容器的外形分为盖（口）、颈、肩、胸腹、足（底）五大构成部分。设计时应当注意每种类型商品的包装容器造型都有相对固定的特征，所以这五大构成部分不能全部进行颠覆性设计，否则很可能会出现不伦不类的设计作品。

一、盖（口）

盖（口）是硬质包装容器的重要组成部分，也是人们视线的焦点所在，它的造型直接影响整个包装容器的风格特征。设计时应该注意盖和容器整体外形的协调关系。设计包装容器造型一般需要用宏观综合思考的方式进行，但对于盖造型，可以相对独立地进行设计与装饰，塑造既新颖美观、富有个性特色，又与整体统一和谐的盖型。绝大部分硬质包装容器瓶口被瓶盖所遮挡，所以瓶口和瓶盖可进行一体化设计。对盖的造型进行装饰变化，极易打破原有的风格特征，且需要考虑其是否符合人体工程学要求，是否方便开启、方便封合以及安全无锐角等。

由于涉及生产工艺、密封和使用，一般情况下口造型不会有较大的变化。所有的包装容器口部都需要从适用性角度出发，一般都采用圆形直口或宽檐口型，并且必须通过盖部封合、密封以保护内装产品，所以设计时需要考虑容器口径的大小、颈的长短，还要考虑到内装物的特性、消费使用时的方便、安全等因素。根据内装物的物理性质、化学成分以及产品内压情况的不同，应在保证盖的开启、封合实用功能的基础上，对盖进行具体的设计。

硬质包装容器中的盖造型如图 6-7 和图 6-8 所示。

图 6-7　硬质包装容器中的盖造型①

图 6-8　硬质包装容器中的盖造型②

二、颈

硬质包装容器颈的造型设计相对比较独立，可以不改变其他部分，只改变颈的形线走向，从而创造出具有别样风格的容器造型，给人们带来不同的心理感受。在进行具体操作时，除了要注意其上承盖、下启肩的连接关系外，还必须注意颈的形状和长短是否符合颈部标签的粘贴要求。颈的形线可分为3个部分，从上到下依次为口颈线、颈中线和颈肩线。这3个组成部分构成了颈的基本造型，其形面也根据形线的变化而变化。

颈的形线变化及其造型又取决于容器整体造型构思的定位。根据颈的特点可将硬质包装容器分为无颈型、短颈型和长颈型。无颈型容器颈口直接连肩线，内装商品一般无挥发性，同时方便人们用调羹从容器中舀取商品，如图6-9所示。短颈型容器设计有一个极短的颈部，形线变化比较简单，常在短颈部设计一个较明显的环状凸起，起到方便用手指夹住、提起时防滑落的作用，如图6-10所示。长颈型容器设计颈线较长，可以有效防止内装产品挥发，内装液态产品则在倾倒时还可以控制液态产品的流量，如图6-11所示。

三、肩

硬质包装容器的肩部宽度、倾斜角和过渡角是影响垂直载荷强度的主要参数，是对抗外界垂直载荷强度和旋拧开盖时的抗扭强度的重要部位，同时肩线通常还是容器造型中角度变化最大的形线，它对容器造型的变化起到很大的影响。

硬质包装容器造型中的肩上承颈、下接胸腹，所以肩的形线也可分为3个部分，从上到下依次为颈肩线、肩中线和肩胸线。设计时需要考虑肩部在颈部和胸腹部位的协调过渡关系。通过肩的宽窄、角度以及曲直的变化可以产生很多不同的肩部造型。不同的肩部造型，可以使整个容器造型具有不同的气质，以应对不同的消费人群的需求。例如，平肩型容器（见图6-12）是肩部趋向水平状态，可使得整个容器具有挺拔、阳刚的气质，男性产品的包装容器大多采用该设计手法。斜肩型容器（见图6-13）则具有温柔、自然、洒脱的特性。美人肩型容器（见图6-14）则具有柔美优雅的特性，女性用品包装为了追求柔美的造型曲线而大多采用这种类型。

四、胸腹

胸腹部位是硬质包装容器的主要部位。对于大部分硬质包装容器来说，胸、腹部位的形线常常紧密相连，形线变化直接相关，所以造型时可以合并考虑。

在设计硬质包装容器胸腹部位造型时，要特别注意考虑标签部位、面积及粘贴方式，以美观、方便贴标为原则。该部位也称作贴标区，所以一般不会设计大的形变。硬质包装容器胸腹造型设计还要考虑人体工程学的因素，消费者在抓取容器的时候，一般都会接触容器的胸腹部位，所以该部位的设计应避免过大、过小或过于光滑。在胸腹部位还需注意刚性因素的设计，例如，对圆形容器的胸腹部位设计凹凸结构装饰，对方形容器的胸腹部位设计凹凸结构或麻面装饰等，都可以增加包装容器的刚性。

硬质包装容器胸腹部位造型设计如图 6-15 和图 6-16 所示。

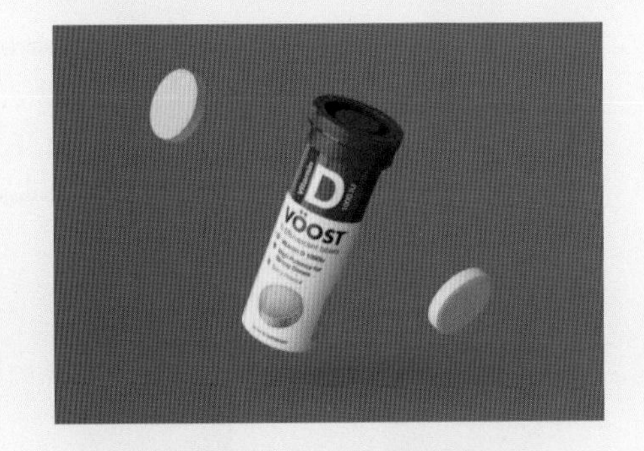

图 6-9　无颈型硬质包装容器

图 6-10　短颈型硬质包装容器

图 6-11　长颈型硬质包装容器

图 6-12　平肩型硬质包装容器

图 6-13　斜肩型硬质包装容器

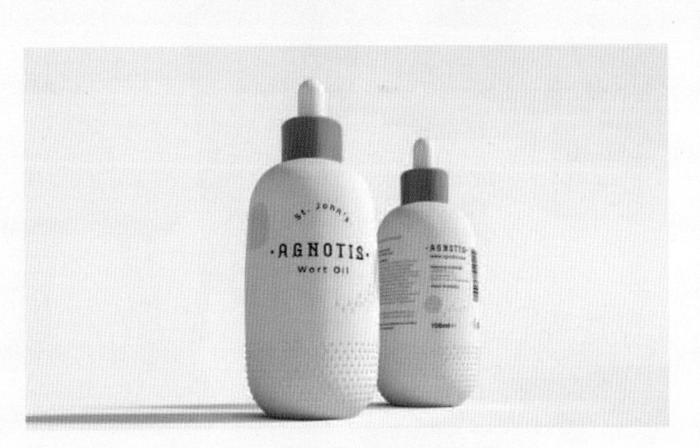

图 6-14　美人肩型硬质包装容器

图 6-15　胸腹部位造型设计①

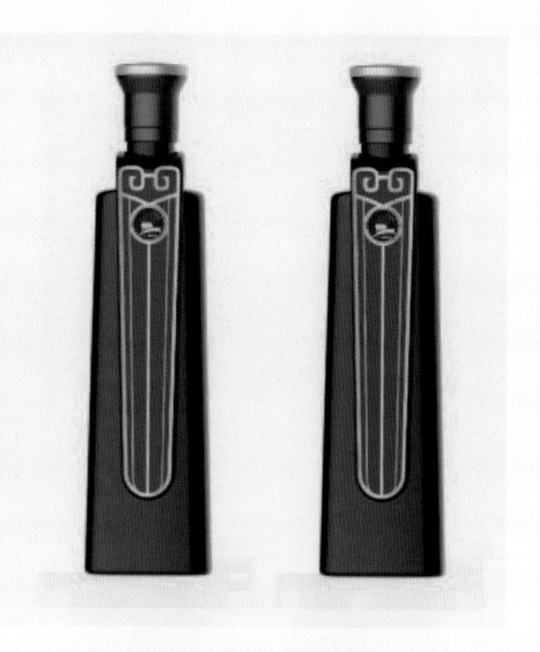

图 6-16　胸腹部位造型设计②

五、足

容器足部是影响容器稳定性的重点部位，同时也是视觉流程的收尾部位。

硬质包装容器足部的上端（即容器的下部）可以采用直线平面、曲线平面、曲线曲面等手法塑造出新颖的造型。

硬质包装容器足底部分一般都比较厚，可以稳定整个容器的重心，提高容器的稳定性。足部与胸腹部采用合适的圆角过渡，可以解决应力集中、外界冲击等问题，在保证造型完整的同时可以增加容器的安全稳定性。

硬质包装容器足部造型设计如图 6-17 和图 6-18 所示。

图 6-17　足部造型设计①

图 6-18 足部造型设计②

第三节 硬质包装容器造型设计方法

包装容器造型设计体现容器盛装和保护物品、方便消费的物质功能，同时，还要体现包装容器的审美功能。硬质包装容器造型变化形式很多，只有掌握科学的设计方法，才能设计出适用且富于变化的造型。这就需要我们了解影响硬质包装容器造型的几个关键性因素。硬质包装容器造型的方法有很多，以下介绍几种常用的造型方法。

一、三视图造型法

三视图在现代社会中应用极广，容器造型设计、产品设计等领域都会用到三视图。硬质包装容器的三视图包括包装造型的正（主）视图、侧视图和俯视图，如图 6-19 所示。利用三视图造型法可以在已有容器造型的基础上，确定一个视图不变，改变其余的某个视图，产生造型变化。但是，要注意改变的视图与其余视图形线的整体协调处理，即考虑主、侧、俯视图相结合的整体造型效果与生产可行性。采用三视图造型法可以在保持原有造型特点的同时，使容器造型在整体或局部角度上得到改变，然后以此为基础进行纵深设计。

二、基准线造型法

对于系列化包装设计，其包装造型必然要具有明显的共性和可供识别的个性。基准线造型法是一种有序造型的方法，是有效解决包装容器共性和个性之间矛盾冲突的一种设计方法，一般分为水平基准线造型法和垂直基准线造型法两种。

水平基准线造型法是利用相似原理，分析已选定或设计好的包装容器的主要形态特点，寻找形线关键结构点（比如弧线的切点等），根据组成该包装容器形线的关键点确定几根水平基准线，然后根据所需的不同包装规格在基准线分段区域按原形线进行造型，如图 6-20 所示。

垂直基准线造型法是先选择或设计一个较满意的原始基本形，再等距离画若干条基本形的中轴线，然后在原始基本形上寻找关键的形线节点或切点，由这一个或几个点作一定的斜直线、曲线或曲线和直线、折线的组合线，最后选择等距离或渐变距离的方法设定适当的造型。

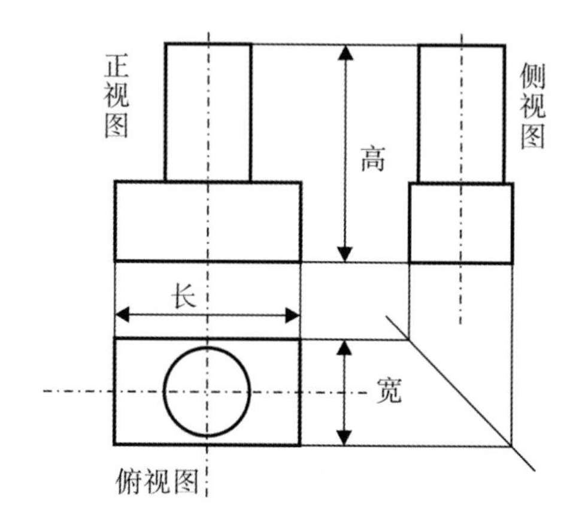

图 6-19　三视图

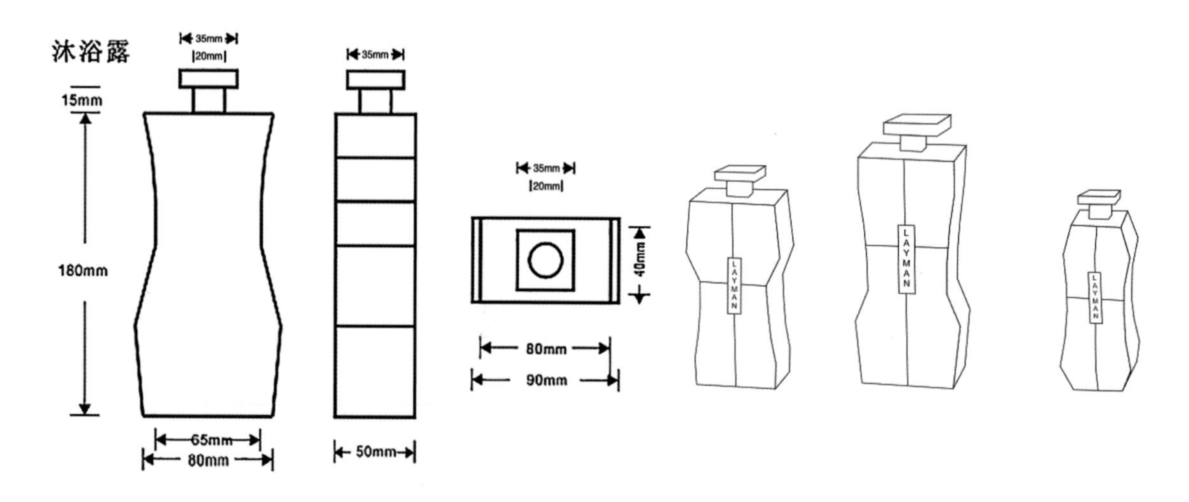

图 6-20　水平基准线造型法

三、破坏式造型法

破坏式造型法主要是在几何形体块上运用的，类似于雕刻手法，使用减法进行造型设计。对硬质包装容器上过于粗笨的部位进行破坏式造型，可以获得视觉上的平衡和美感。

破坏式造型法一般分为体的切割、体的穿透和体的位移三种。

体的切割是指，在一个基本的体块上，通过控制切点、角度、大小、深度、数量等差异，来获得不同形态的造型，例如在体块的棱线部位做削减或在棱角上做切除修饰。

体的穿透就是指，对基本体块进行凹洞式的切割，以获得一种可从多个角度观察的不对称均衡美感，需要注意，在使用体的穿透式手法时，所穿透的部分不宜太大和太多，以给人简洁、明快、整体感强的印象为佳。这种设计多用于大容量、大体积的包装，打破了过于粗壮的基本形体构造给人的呆板印象，形体的内外轮廓可以给人通透、流畅、简洁明快且统一的感觉。

体的位移就是以容器某个部位为基准，其余部位进行一定角度上的偏移，可以得到硬质材料和软性线条形成的矛盾又和谐的视觉感受，使容器产生较强的韵律感，但应注意，偏移的角度不应过大。

运用破坏式造型法的包装容器造型设计如图 6–21 和图 6–22 所示。

图 6–21　运用破坏式造型法的包装容器造型设计①

图 6–22　运用破坏式造型法的包装容器造型设计②

四、组合式造型法

组合式造型法类似于泥塑造型，使用加法进行造型设计。在容器造型设计过于单薄或枯燥时，使用组合式造型法最为合适。这种造型方法一般分为体块组合、装饰组合、肌理组合以及附加物组合 4 种。

体块组合是指两种或两种以上的基本体块，依照设计构思，在方向、大小、多少、位置等方面进行组合，从而产生不同的立体形态。

装饰组合是指对造型形体表面施加点、线、面装饰或附加一些装饰性图案，使之产生丰富多变的视觉效果。设计时应根据实用性和审美性原则，对装饰要素的粗细、凹凸、大小、方向、位置、疏密、曲直、数量等加以选择，在美化包装容器形态的同时，兼顾包装容器手感的舒适度。

肌理组合属于装饰组合的特殊种类，一般分为触觉式肌理组合和视觉式肌理组合。触觉式肌理不仅能产生视觉效果，还能使消费者通过触摸真实感受到物体表面的凹凸不平、质地的粗细等。视觉式肌理只能通过视觉感受到，比如绘制的木纹、印刷的图案等。肌理组合是包装容器造型工艺中经常采用的方法，能给人模糊、含蓄甚至玄妙的感觉，能激发人的想象力，强化容器造型的个性表达。触觉式肌理组合还可以增加摩擦系数，防止因为手滑而使容器跌落破损。

附加物组合是在容器造型本体之外再附加其他的装饰部件，如小吊牌、绳结、丝带、金属链条等，起到画龙点睛的作用，使容器造型更加丰富多彩。附加物为主体服务，不能喧宾夺主。应当综合考虑附加物的材料、形状、数量、大小等因素，需要和主体形态协调统一。

组合式造型法如图 6-23 和图 6-24 所示。

图 6-23　组合式造型法①

图 6-24　组合式造型法②

五、拟物造型法

拟物造型法是包装容器造型设计的一个方法，即直接模仿自然界动物、植物及人物形态特征，使得容器造型更具生动形象性，增强内装商品的形象视觉效果，以吸引潜在消费群体。拟物造型的魅力在于，对熟知的生活原型进行概括、提炼后再进行创造性模拟，可打破常规容器造型特征约束，实现出其不意的视觉效果，让消费者产生亲近的感受和购买的冲动。

拟物造型对于反映五彩缤纷的现实生活、丰富完善包装容器设计表现提供了较大的帮助。大自然中的事物形态万千，很多可以给人美的视觉享受，在进行容器造型设计时可以从大自然的显性事物形态中得到灵感。在采用拟物造型法时，要深入观察所模拟的事物形态，抓住其主要的形态特征，忽略不必要的细节以免造成视觉上的烦琐，同时把容器的实用价值概念融入其中，力求实现实用性与造型美感有机融合的最佳效果。

拟物造型法如图 6–25 和图 6–26 所示。

图 6–25　拟物造型法①

图 6–26　拟物造型法②

六、分割法

我们分析一些容器造型，会发现它们往往是由多个形体组合而成或由一个基本形体分割而成。基本形体的分割是指设计者常说的削去几个面、几个角等。基本形体是由圆形、正方形、长方形、三角形等图形塑造出的各种形体。对极其平常的几何形体，进行一次切割、一次组合或一次看似不经意的拼贴，都可能会使其成为很有创意的设计。

分割法如图 6–27 和图 6–28 所示。

图 6–27　分割法①

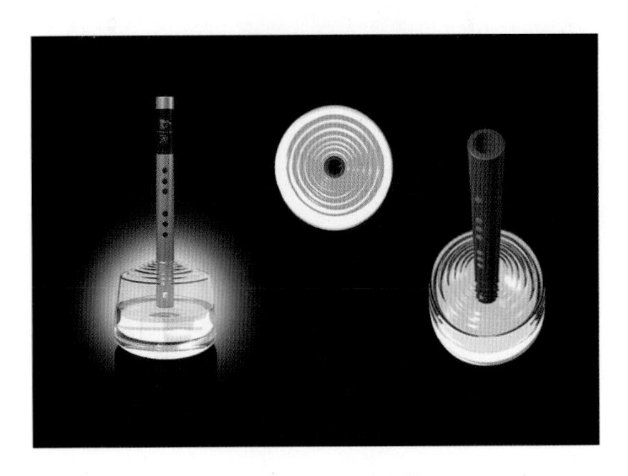

图 6–28　分割法②

七、肌理法

肌理是指由于材料的配制、组织和构造不同而使人得到的不同触感和产生的不同视觉质感。它既具有触觉影响，同时又具有视觉影响；它可以自然存在，也可以人为创造。利用同一种材料可以创造出无数的不同肌理来。自然存在的肌理是物象本身的外貌，通过手的触摸能实际感觉其特性，可以激发人们对材料本身特征的感觉，如光滑或粗糙、柔软与坚硬等。包装容器设计中经常直接运用木材与皮革、麻布与玻璃或金属，形成独特的视觉质感。视觉质感可以说是一种通感，它能引导人们用视觉、用心去体验、去“触摸”，使包装更具有亲和力，使人视觉上产生愉悦感。人为创造的肌理是一种再现，在平面上表现类似自然肌理的视错觉，可实现以假乱真的模拟效果。有些包装容器表面，运用超写实的手法表现编织的肌理，使编织特征更加真实。也可以实实在在地创造一个和自然肌理一样的、可以通过触觉感知的肌理。

现代图形艺术的发展使人们还拥有了抽象的肌理。抽象的肌理是一种纯粹的纹理秩序，是传统肌理的扩展与转移，与材料质感没有直接关系，利用它能在设计中构建强烈的肌理意识。不同的肌理效果可以增强视觉效果的层次感，使主题得到升华。

肌理自身是一种视觉形态，在自然现实中依附于形体而存在，包装容器的肌理设计是将直接的触觉经验有序地转化为视觉形式的表现，它能使视觉表现产生张力，是塑造和渲染包装形态的重要因素，在许多时候被作为设计材料的处理手段，在设计中具有独立存在的表现价值，可增加视觉感染力。

在玻璃容器设计中，使用磨砂或喷砂的肌理与玻璃原有的光洁透明产生肌理对比，这样不需要色彩表现，仅运用肌理的变化就可以使容器本身具有明确的性格特征，同时还可以增加摩擦力，具有防滑功能。

肌理法如图 6-29 和图 6-30 所示。

图 6-29　肌理法①

图 6-30　肌理法②

八、雕塑法

包装容器的造型是三维的造型活动，在保证包装功能的前提下，利用三维空间的纵深起伏变化可以加强审美的愉悦感。

1. 整体塑形法

整体塑形即把容器的盖和身作为一个整体来塑造，甚至没有明显的器盖和器身区分，类似完成一尊现代雕塑，讲究整体流线和审美，改变以往器盖小而低、器身大而高的常态，具有较强的时尚感。图 6-31 所示为一款盛装白酒的瓶体的包装容器造型设计，运用的就是整体塑形法。

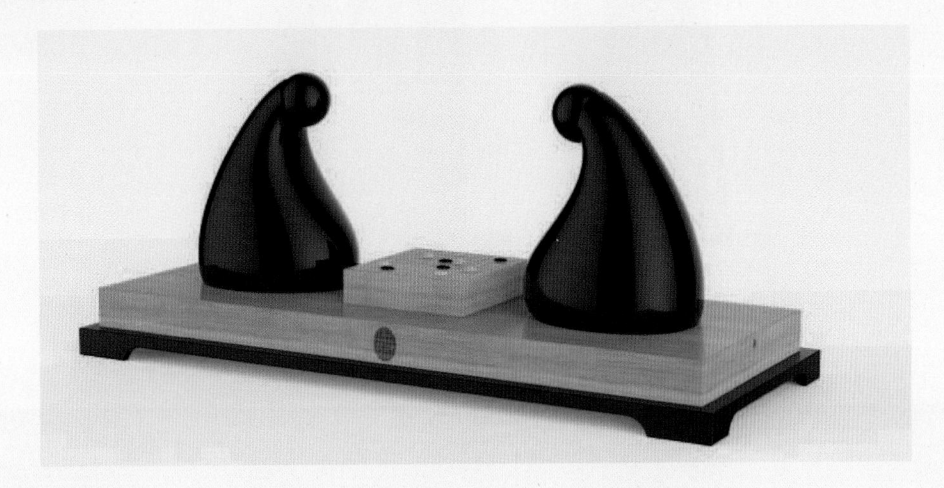

图 6-31　采用整体塑形法的包装容器造型设计

2. 局部雕刻法

局部雕刻即在容器的某一部位做装饰性雕刻。

在包装容器的表面可以运用装饰物来加强其视觉美感，既可以通过附加不同材料的配件或镶嵌不同材料的装饰与整体形成一定的对比，还可以通过在容器表面进行雕刻、镂空等，使容器表面更加丰富。平常所说的腐蚀、喷砂等，也都是包装容器表面局部装饰的一种手段。经过局部雕刻处理，材料可具有材质美。局部雕刻在容器设计中被普遍使用，对提高包装容器的装饰美感有很大的作用。

采用局部雕刻法的包装容器造型设计如图 6-32 所示。

3. 加法与减法

对一个基本的体块进行加法和减法的造型处理是获取新形态的有效方法之一。包装容器一般由基本体块组合构成，不同形状的体块可通过相加、相减、拼贴、过渡、切割、交错、叠加等不同的手法组成不同的造型，传达不同的情感和信息。对体块的加减处理应考虑到各个部分的大小比例关系、空间层次节奏感和整体的统一协调。穿透、镂空的手法可以视为特殊的减法，运用这种穿透有时仅是为了求取造型上的个性，有时则是为了追求实际功能。

运用加法的包装容器造型设计如图 6-33 所示。

图 6-32　采用局部雕刻法的包装容器造型设计

图 6-33　运用加法的包装容器造型设计

4. 光影法

在现代高科技的带动下，对光影艺术的研究越来越多。在包装容器设计中，一样可以利用光和影使包装容器更具立体感、空间感，更富于变化，这在玻璃容器和透明的塑料容器的设计中表现较为突出。形体中有不同方向凹凸的面是光和影产生的基础，为了使容器具有较强的折光效果和阴影效果，就必须像切割钻石一样，在容器的形体上增加面的数量。面组织得越好，光影效果就越强烈。充分利用凹凸、虚实空间的光影对比，使容器造型的设计虚中有实、实中有虚，可产生空灵、轻巧之感。不少食品饮料玻璃容器的设计，有意在瓶颈和瓶底处组织一些凹凸的方格，也是为了产生光影效果，同时这也是与产品的性质和使用习惯密切相关的。

九、综合法

不同材料和工艺的综合使用，为包装容器的设计打开了一扇新的门。现代包装容器通常涉及两种以上的材料，如玻璃、塑料、金属、纸（用于贴标）等，设计者在考虑容器材料的同时不能忽略材料的加工工艺，应使容器材料和工艺完美结合，有时还需利用某种材料掩盖和弥补另一种材料在加工中的缺陷，这种对材料的综合使用即为综合法。

综合法包含金属与金属材料的结合使用，塑料与塑料的结合使用，金属与玻璃、塑料与玻璃、玻璃与自然材质的结合使用等。

综合法如图 6-34 和图 6-35 所示。

包装设计方法的运用都是以产品为基础的，形式为内容服务。方法的运用不仅与产品本身的功能和效用有着密切的关系，与材料和工艺有着密切的关系，而且与商品的销售战略也有着密切的关系。设计者不能孤立地运用设计方法，而是要融会贯通地综合运用。设计方法是在造型实践中创造的，它也将随着科学技术的发展而不断发展，新的设计手法也将不断涌现。新设备、新材料、新工艺的不断出现，也为设计者提供了更多的表现手段，从而使其能够设计出更新颖的产品来。

图 6-34　综合法①

图 6–35　综合法②

第四节　硬质包装容器造型设计表现

在硬质包装容器造型设计前期的准备工作中需与客户深度沟通，了解产品的特性、功能、消费层和销售方式渠道等，然后进行相关产品背景和市场调查，再依托调查资料进行归纳分析，制订合理可行的方案设计方向，正确定位产品，最后进入方案具体设计流程。

设计方案的表现是设计的主要环节，它是指将设计构思以具体的形态展示出来，通常设计方案要通过几种形式依次表现，最终呈现的是清晰的图示和实物。一般包装容器造型设计有草图、三视图、效果图三种设计表现。

一、草图设计表现

前期的准备工作完成之后，设计师便可以开始对所设计对象进行构思，草图则是构思阶段的产物，是抽象到具象的转变，是分析前期资料而确立造型设计目标的体现。草图的绘制通常采用徒手的线描和速写的方式，用简单的线条表现构思粗略效果。

绘制草图时应注意：可恰当地选择几个描绘的角度，突出设计的重点位置，使效果明显直观，使观者易懂；注意色彩的表现和阴影的处理，避免轮廓模糊、表达不清的形象出现，能体现所使用的材质的质感；整体结构清晰，图示准确无误。绘画应相对精致，可以针对容器的结构多角度进行绘制，可适当上色。草图为徒手绘制，不必过于要求工整，可根据需要适当多绘制些备选方案。

常见的商业容器一般体形不大，可采用 1 ∶ 1 的比例进行草图绘制。

草图也可直接使用电脑绘制，这样更加形象直观也方便调整和修改。

草图设计时需注意，应符合商业容器产品设计的基本原则、制作工艺和功能要求。草图设计表现如图 6-36 和图 6-37 所示。

二、三视图设计表现

容器设计应该绘制三视图，即工程制图，作为生产制作的依据，便于加工制造。包装容器的工程制图是表达设计意图的语言，它是一种根据投影原理绘制的设计图，如图 6-38 和图 6-39 所示。

三视图包括正视图、侧视图和俯视图。正面投影的视图称为正视图，是表达造型的主要图形。侧视图是相对正面而言的一侧的投影，主要表明另一个角度的造型结构。俯视图表达从造型正上方向下看容器的形象，也称顶视图。一般包装容器工程制图按 1 ∶ 1 的比例绘制，需放大则采用 2 ∶ 1 或 3 ∶ 1 的比例。根据某些具体情况，如圆柱形轴对称造型正视图和侧视图内容一样时，只需绘制正视图和俯视图。

图纸要注明造型名称、设计者姓名、使用材料、容量、比例、实际绘制时间等。另外，除手绘的方式外还可以用电脑制作，可根据实际情况灵活运用。

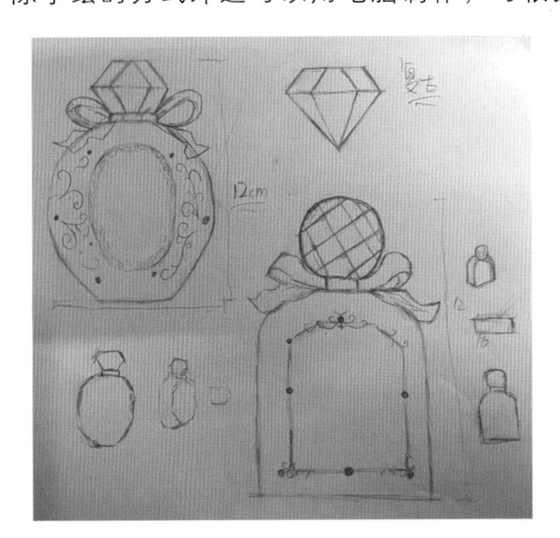

图 6-36　草图设计表现①

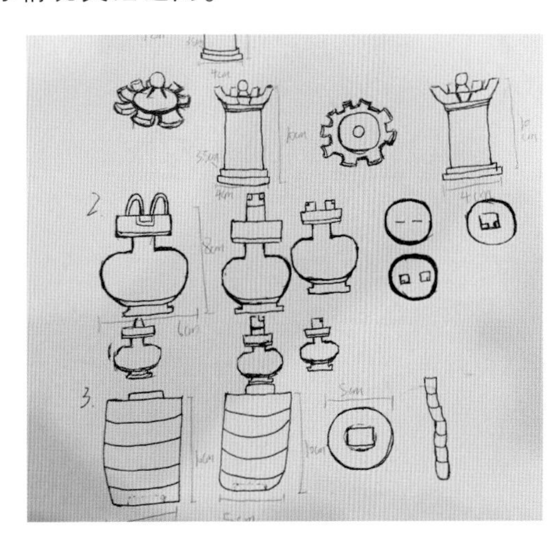

图 6-37　草图设计表现②

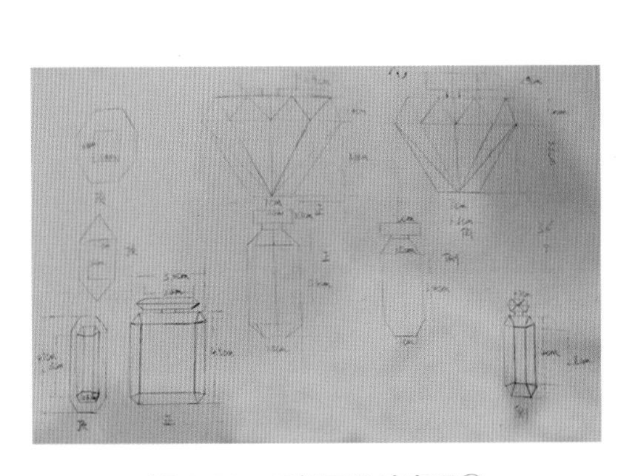

图 6-38　三视图设计表现①

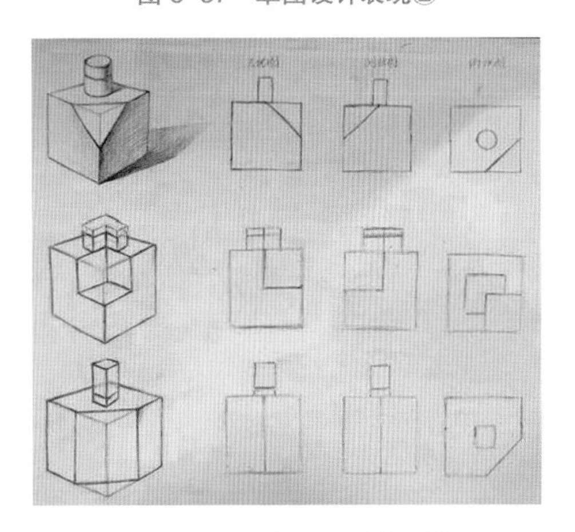

图 6-39　三视图设计表现②

1. 常用线型和标注

为了使图纸表达得清楚、规范、易懂，绘制三视图时须使用规范的线型和标注。

线型一般有：①粗实线，用来画造型的可见轮廓线；②细实线，用来画造型的明确转折线、尺寸线、尺寸界线、引出线和剖面线；③虚线，用来画被遮盖的轮廓线，表示虽看不见但需要表现的轮廓部分；④点画线，用来画造型的中心线或轴线；⑤波浪线，用来画造型的局部、剖视部分的分界线。

尺寸标注目的是准确、详细地把各部分表示出来，便于识图和制作。

2. 使用工具（材料）

使用工具（材料）有：绘图板，各型号铅笔，绘图墨水笔（粗、中、细各一支），直线笔，绘图笔或针管笔、圆规、三角板、曲线板或蛇尺、丁字尺、绘图纸、硫酸纸、绘图墨水、透明胶、图钉、橡皮等。

3. 绘制步骤

轴对称容器的正视图绘制步骤：

（1）在纸上确定中心位置，画出中轴线。

（2）运用各种绘图工具较为准确地在中轴线上找到容器盖（口）、颈、肩、胸、腹、足等部位的相应位置并绘制出延长的平行线。

（3）找准各部位的转折，量出所需尺寸，用曲线板或者蛇尺连接各点，完成一半的图形轮廓绘制。

（4）复制完成另一半。

轴对称容器的造型一般为左右对称或上下对称，通常的绘制方法均为依据中轴线取各部位的半径尺寸，先绘制出形体的一半图形，再复制出另一半图形。可在绘制出一半图形后沿中轴线进行折叠再用拷贝笔勾出轮廓，打开纸后就可将拷贝痕迹绘制出来了。

（5）利用绘图工具规范绘制图纸后，标注尺寸。

不对称容器的三视图绘制或多视图绘制步骤：

（1）绘制器物的主体正视图。

（2）绘制侧视图，可将附件图单独绘制。

（3）绘制相应的顶视图。

（4）标注全部尺寸。

三、效果图设计表现

绘制效果图的目的是完整清晰地将设计意图表现出来，在草图的基础上，运用各种表现技法对产品造型的形态、色彩、材质以及表面装潢设计等进行综合设计表现。它注重表现不同材料的质感及材料在设计中的运用效果。效果图比三视图更加直观具体，使人对设计对象一目了然。绘制效果图时要求对容器的形、阴影、色彩、质感进行综合绘制，并且运用美学原理和艺术手法进行总体规划和处理，有效突出产品特性，提高画面的质量和视觉效果。

效果图绘制有手绘和电脑软件绘制两种方式。手绘效果图一般用水粉、水彩或马克笔等表现；电脑软件绘制效果图可以用 3ds Max、Photoshop、Cinema 4D（简称 C4D）等软件实现。效果图中要尽可能表现出成品的材料、质量和效果。

效果图设计表现如图 6-40 和图 6-41 所示。

图 6-40　效果图设计表现①

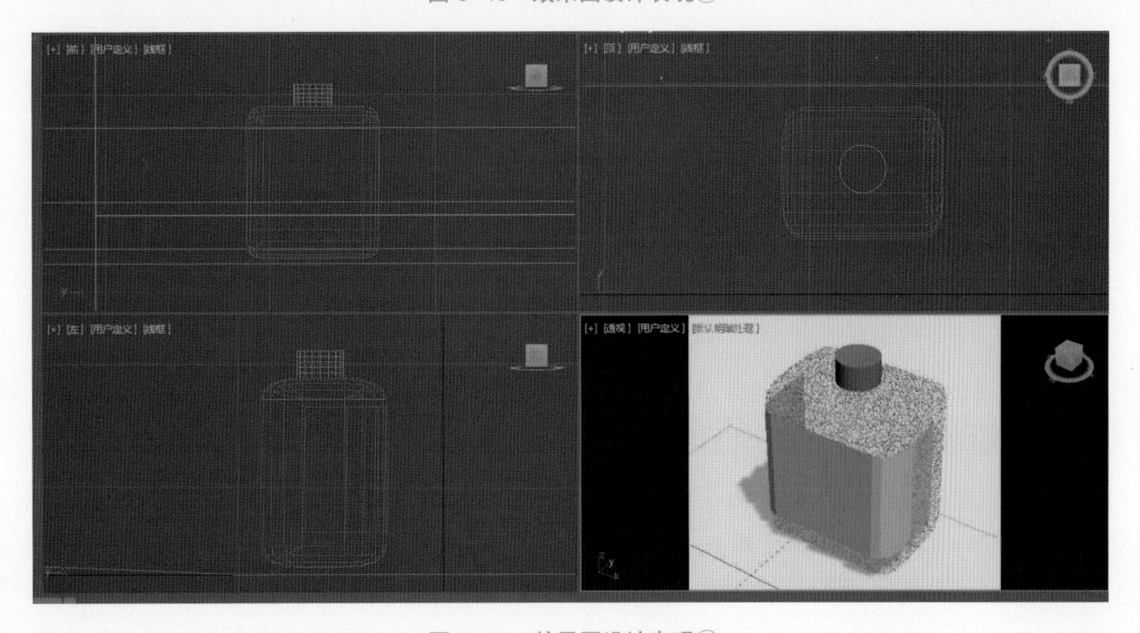

图 6-41　效果图设计表现②

第五节　硬质包装容器模型制作

一、石膏包装容器模型的制作

（一）制作工具与材料

石膏包装容器的主要制作工具与材料有石膏粉、旋坯机、长三角刀、刨刀、刻刀、钢锯条、水桶、油毡、棉线、水砂纸、长尺、游标卡尺、铅笔、胶水、砂轮机等。

（二）制作方法

1. 机制成型

机制成型是常用的一种制模方法，但只适用于制作同心圆造型的容器。

2. 翻模成型

翻模成型是指使用厚纸片、塑料片或木板制作成简单的模具从而制作模型的方法，一般适用于精度要求不高、具有大体形态即可的场合。模具尺寸应当比模型实际尺寸略大，预留出加工或打磨的损耗部分。

首先，将调配好的石膏浆倒入预先制作的模具内，待石膏浆半干后翻模倒出或破坏模具倒出，得到石膏模型粗坯（石膏粉经水调和成为石膏浆，待水分完全挥发硬化后形成石膏，硬度较高，对石膏进行加工将比较困难，故容器的粗坯塑形应该选在石膏浆半干时进行）。

其次，待石膏硬化之后，将大体形状已经基本完成的石膏粗坯进行精细修整，综合使用刨刀、刻刀、长尺、游标卡尺和铅笔等工具进行造型，可采用雕刻、拼接、镂空等手法进行。

最后，待石膏完全硬化后，进行打磨，砂纸的选用可遵照由粗到细的原则进行。

3. 雕刻成型

雕刻成型适合用于制作自由形态的容器。

首先，将调配好的石膏浆倒入简单的容器中，例如纸盒、矿泉水瓶、一次性水杯等，可根据模型的实际尺寸进行选择。

其次，待石膏浆水分逐渐挥发形成半固态后，将石膏块倒出，用锯条、刻刀或扁平口铲刀等工具根据设计尺寸在石膏块上切割出大体形状，注意至少需要留 0.5 cm 的余量，因为雕刻或打磨时会有损耗。注意，切割应先从整体造型入手，暂不进行局部的精雕细刻。

修大形时速度要快，要赶在石膏完全硬化之前，石膏完全硬化后铲削会很吃力。

待石膏完全硬化后，使用各种辅助工具进行细部修整。这个阶段需要由粗到细、从整体到局部再到整体，不时地从各个角度和各个面去比较、审视、测量，注意模型的整体感。具体操作时，先用刻刀把切割出的大体形状进一步削修准确，接着用短锯条（齿面）刮削，再用锯条背面进行刮削，使得模型逐渐接近实物造型；对于一些有变化的小曲面，还需要把锯条磨成小曲面的形状进行刮削。

最后，用砂纸打磨。也可以先放入烘干箱内烘干，然后再打磨。

（三）制作后期装饰

为了使石膏模型具有更加逼真美观的效果，还可以对石膏容器使用各种方法进行装饰，一般可以采用精细打磨、彩绘、黏合等工艺。

石膏包装容器模型成品如图 6-42 所示。

二、硬质包装容器模型的虚拟三维表现制作

运用虚拟三维技术创作包装容器造型效果图可使包装容器造型进行多方案、多角度的创作展示。对造型三维空间进行展示，可使客户更了解设计成果、有更多的选择，更有利于完成设计加工；同时，运用虚拟三维技术可便捷地修改设计方案，可以按照设计意图进行修改，而不会看到任何修改的痕迹，这样提高了设计的效率，而且可以实现使用传统方法所无法实现的高清晰度，更使设计效果图逼真、丰富。通过虚拟三维处理，完成设想的空间造型和材质效果，可取得理想的效果，并可提供多方案。在实际的设计实践中，用虚拟三维技术表现造型而获得形体，不需要过早地直接加工实际包装造型，可以压缩设计时间并节约人力、物力成本。

（一）包装容器造型虚拟三维创作的基本内容

计算机辅助设计的虚拟三维设计表现是利用各种软件来完成各种立体的三维图形效果的设计表现的。包装容器造型的虚拟三维设计主要体现于两方面，即三维建模和表面处理。

运用虚拟三维技术可进行虚拟模型的制作，即建造模型（建模）。三维建模时，可以利用定义好的矢量描述语言建立简单的三维实体，还可以使用无边界的自由曲线来塑造一些特殊的形体。包装容器造型设计中，模型可代表虚拟的形体，通过虚拟三维造型可指导该容器造型的实际制造。模型是虚拟三维设计中的主体，它可以整体表现造型的体面关系。可以通过多种设计软件（如 AutoCAD、Pro/E、3ds Max 等）的虚拟三维技术获得相关模型。

表面处理是整个造型效果的关键，主要包括编辑材质和建立光源。利用虚拟三维技术创造出的模型本身不具有材质特点，要将大量的虚拟材质添加到三维模型上才能得到最终的虚拟三维表现效果样式。丰富的材质能赋予三维模型真实感，而且能产生各种工艺（如

喷涂、粘贴等）效果，甚至还可表现发光的或逼真的透明材质。通过对虚拟三维软件的参数和相关细节进行调整，可进行模型的渲染。

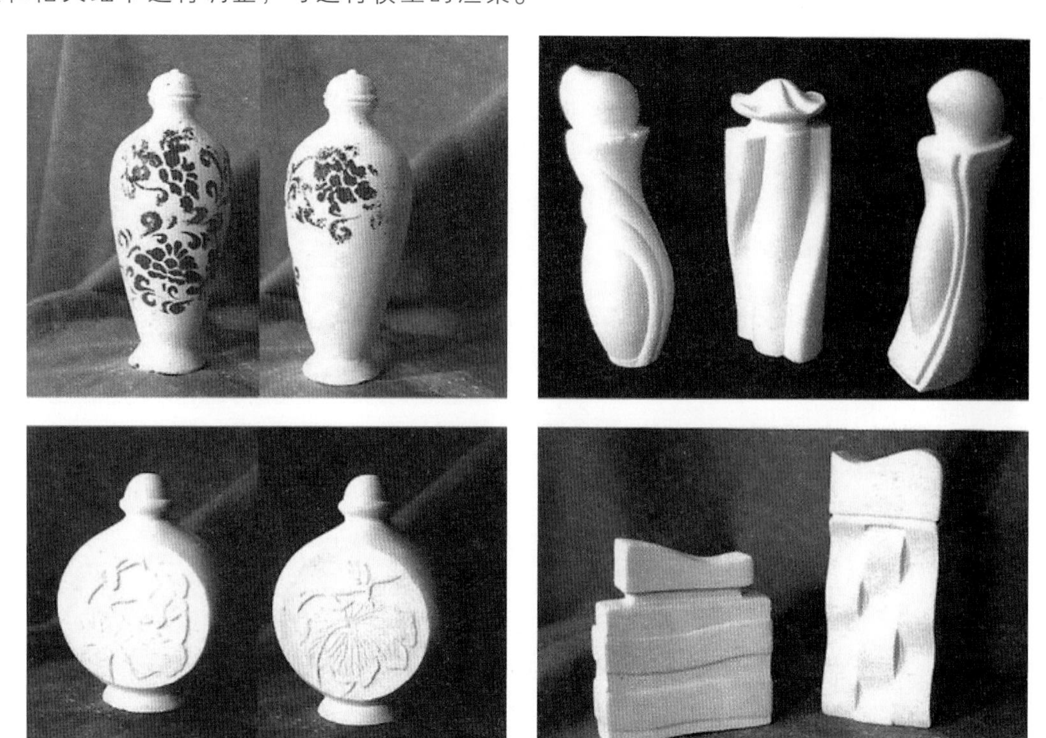

图 6-42　石膏包装容器模型成品

三维建模如图 6-43 所示，表面处理如图 6-44 所示。

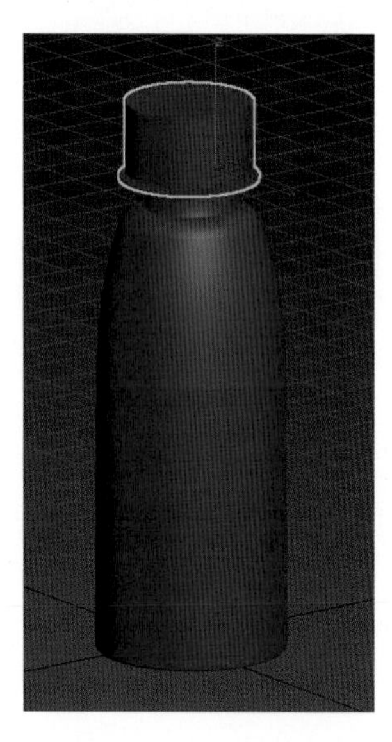

图 6-43　三维建模

图 6-44　表面处理

（二）多软件交互结合，创建虚拟模型

虚拟三维创作表现在造型设计中起着至关重要的作用。我们可将 AutoCAD、3ds Max、C4D 等制作软件和相应插件整合，应用于包装容器造型设计表现。AutoCAD 是专

门用于计算机辅助设计的通用交互式绘图软件包，可以进行二维绘图、详细绘制、设计文档和基本三维设计；3ds Max、C4D 是进行三维建模、设计动画、进行渲染的软件，广泛应用于包装容器设计、角色动画创作、电影电视视觉效果实现等。以上软件是我们使用较多的虚拟三维建模软件。3ds Max 与 C4D 功能强大、扩展性好、操作简单，可以单独用于包装容器造型三维表现，由于其具有很强的设计表现性，也可以与其他绘图软件配合流畅，以满足更多用户的设计需要。（见图 6–45）

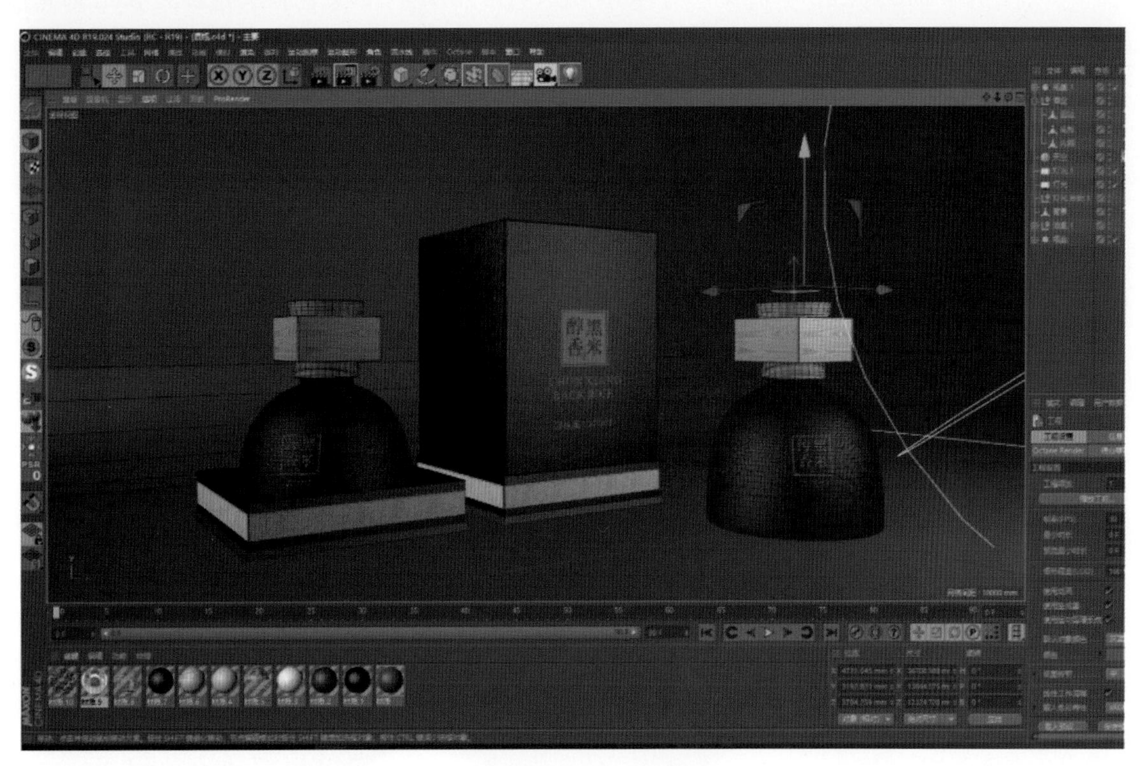

图 6–45 运用 C4D 创建包装容器虚拟模型

三、硬质包装容器模型的 3D 打印制作

随着消费者对美丽和创新的追求日益增强，包装容器造型设计变得比以往更加重要，我们需要不断探索新的包装研发工具和方法以满足市场和团队的需求。由于快速消费品更换包装周期短，设计团队必须加速包装研发，这就对在研发前期快速验证包装设计提出了更高的要求；与此同时，电脑虚拟三维效果图以及传统的模型制作方法已经逐渐不能满足人们对包装容器质感、体量感进行评估的需求，我们必须通过逼真的实体模型验证才能得到最佳的设计方案，由此包装容器模型的 3D 打印制作方法应运而生了。

3D 打印技术在包装容器成型中的应用步骤如下。

1. 包装容器造型三维建模

能够生成模型的软件有很多，我们日常接触到的图形设计软件基本都能满足要求，比如 AutoCAD、3ds Max 等，只要能输出 STL 文件即表示完成包装容器造型三维建模。对于其他格式的模型，需要通过一些软件将其转换为 STL 格式，供打印控制软件读取使用。

3ds Max 还不支持直接导出 STL 格式的模型，因此需要借助其他软件。这里推荐使用 MeshLab。MeshLab 虽然不能用来绘制模型，但在浏览和转换格式方面非常方便，并且是完全免费的。3ds Max 导出 STL 文件流程如下：

（1）将 3ds Max 中三维模型导出（File → Export → 3D Model），作为中间文件。

（2）使用 MeshLab 打开导出的中间文件。

（3）选中 MeshLab 中的文件另存（File → Save As），文件格式选择为 STL 即可。

2. 打印取模

将 STL 格式的模型文件导入 3D 打印机，设置好所需参数，3D 打印机就可以将模型直接打印出来了。打印完成的模型需在冷却后取出。

3. 包装容器造型 3D 打印后期处理

打印出模型后，需根据包装容器造型设计图纸组装模型配件。如果包装容器造型的配件可以与造型主体一起一次打印成型，则无须组装。

3D 打印包装容器模型如图 6-46 所示。

包装容器造型设计与 3D 打印的具体应用带动了整个产品包装设计团队的创新及开发效率。有了包装容器造型设计的 3D 打印与制作，包装容器模型制作及设计验证过程被大大简化、便利化，在时间上和成本上都允许设计团队进行更多模型的制造试验、更多包装容器的设计，增加了设计团队的设计选择范围和创新验证方式。

图 6-46　3D 打印包装容器模型

课后习题

1. 完成以下学习任务。

任务目标：尝试设计并制作硬质包装容器模型，了解容器模型设计方法和制作工艺流程。

任务要求：硬质包装容器造型设计符合形式美法则，硬质包装容器模型符合工艺要求。

任务评价标准：设计并制作的硬质包装容器模型符合社会审美趋势，符合日后批量生产的工艺要求，尺寸符合人体工程学要求。

2. 收集不同的硬质包装容器图片，丰富设计思维，并尝试设计原创性硬质包装容器造型。

第七章

包装容器的设计流程

包装容器的设计流程可分为设计立项阶段、策划阶段、设计阶段和生产阶段。

第一节　包装容器设计立项阶段

进行包装容器设计时，首先应当严谨地对待设计课题，明确设计课题的目标和方向。设计师接到设计任务以后，不能单单根据个人喜好来追求设计形式上的美感，而应认真听取客户的意见、要求，与客户沟通，明确自己的设计目的，完成设计立项。设计立项所需了解的因素具体如下。

一、详细了解产品的特性

要先详细了解产品的特性，包括重量、体积、形态、功效、色泽、透明度、化学特性、强度、使用禁忌和历史背景等，再对该产品行业进行调查了解，分析归纳客户产品的优势和劣势，找出设计的诉求点和突破口。

二、了解产品针对的消费人群

要了解产品针对的消费人群，基本框定包装的诉求特点。由于消费者的实际情况不同，包装必须有针对性。需注意，对客户提供的信息不能盲目地完全照搬，还需要在日后的市场调研中再次进行详细的分析。

三、了解产品的销售方式

商品的流通必须通过某种销售方式来实现，不同的销售方式对包装设计的影响非常巨大。商品一般会通过超级市场、邮购销售公司、礼品商店、折扣市场、大众商场等渠道进行销售，由于销售场所与销售方式不同，包装功能与成本消耗的要求也会不同。

四、了解产品运营的相关经费

产品运营的相关经费，包括产品的售价、包装的制作费用、广告的投入预算等。相关经费的额度直接影响包装设计的预算，以最少的投入获得最大的利润空间是每个客户和设计师的理想，设计师须根据预算来规划包装结构、造型、材料和工艺等。

五、了解客户的要求

客户带着对包装的不同认识和目的而来，希望能够得到设计师的建议和帮助。有的客户很明确自己的需求目标，能够提出自己的意见和要求，有的客户的设计要求比较模糊，设计师需要帮助客户剔除干扰信息、明确需求；有的客户希望改善整个品牌形象，为包装设计建立一个长远的目标，有的客户只是希望能够得到一个短期使用的美观、适用的包装方案。所以，设计师必须了解客户的需求，根据需求确定自己的设计方向。

六、了解客户企业的信息

包装容器设计必须体现企业文化与识别要素。设计师要了解企业内同类产品的包装风格和工艺，了解企业的主要竞争产品和预期目标，了解企业的历史背景与相关特点等。

七、了解设计合同签订事项

设计师应当要求客户与自己签订设计合同，即产品包装设计委托任务书，其中须注明产品的资料信息、整体规划构架、设计目标与前景、竞争对手信息、设计日期要求、双方责任与义务以及相关禁忌等。了解并完成设计合同签订事项之后，再做课题的调研，以避免轻率无效的设计活动与责任义务纠纷。

产品包装设计委托任务书样本如表 7–1 所示。

表 7–1　产品包装设计委托任务书样本

<table>
<tr><td>产品名称</td><td colspan="2">委托单元</td><td></td><td>委托时间</td><td></td></tr>
<tr><td></td><td colspan="2">委托经办人</td><td></td><td>委托时间</td><td></td></tr>
<tr><td>产品信息</td><td>1. 价格
2. 形状形态
3. 成分构成
4. 外观特点
5. 规格
6. 重量
7. 销售方式
8. 销售地区
9. 相关禁忌</td><td></td><td>设计要点</td><td>商品的主要诉求点
1. 价格
2. 功效
3. 原料
4. 工艺
5. 口味
6. 档次
7. 趣味
8. 其他（以不超过两项为宜）</td><td></td></tr>
<tr><td>包装要求</td><td>1. 包装形式
2. 外观尺寸
3. 印刷工少
4. 制作材料
5. 制作工艺</td><td></td><td rowspan="2">备注要点</td><td rowspan="2">主要竞争对手信息</td><td rowspan="2"></td></tr>
<tr><td>日程安排</td><td>1. 市场调研
2. 方案提出
3. 方案修改
4. 方案定稿
5. 打样完成
6. 批量制作</td><td></td></tr>
<tr><td>设计概念</td><td colspan="2">产品包装开发意图及设计的方向</td><td colspan="3"></td></tr>
</table>

八、了解酬劳

酬劳因具体设计的工作量、难易程度、合作深度、客户公司规模、设计公司规模以及设计人员资质而异，也可参照其他的设计项目来决定。

在确定酬劳的具体数值时，可针对每一个设计阶段来计算费用，也可以小时或天数等为单位来计算。有关酬劳可根据支付时间表和开销的估计值（包括演示文档材料、扫描打印、设计提交稿、图片提供、产品模型制作等的费用以及差旅费、其他杂费等）进行支付。在最初的酬劳商议阶段，还需要确定支付方式、设计所有权等相关事项。

设计师可要求客户支付一定数额的启动金以方便开展设计工作。启动金一般为设计酬劳总数的 30% ~ 40%。在收取设计费用时，可参考使用递减收费法，即按设计阶段每次收取的费用数额逐次减少。递减式收费符合消费心理学要求，方便开展设计操作，也有利于尾款的收取。

第二节　包装容器策划阶段

包装容器策划阶段包括市场调研、设计定位和创意构思。

一、市场调研

客户提供的信息往往不能支撑整个设计课题的操作，因此市场调研成为设计师的责任。设计师需要根据市场的需求来“量体裁衣”，而不是凭个人臆想闭门造车式对待设计任务。为了给设计工作提供丰富翔实的第一手资料信息，设计师必须在设计前进行市场调研。市场竞争是激烈的，不合理的包装会很快被淘汰出市场，所以我们应该持诚实的态度，认真去调查分析设计任务中不了解的部分，切勿心存侥幸、盲目轻率地开展设计任务。

市场调研是整个设计的关键，影响着设计的走向，设计师必须依据明确的对象目标，通过收集大量的实际资料和数据，进行科学客观的分析归纳，才能确定设计的方针和内容。

1. 应该调查该产品的市场潜力，得出市场的需求方向

从市场营销理念来看，设计师应当依据市场的需要来识别商品的目标消费群体，从而确定具体的包装设计方案，并预测商品潜在消费群体的数量、规模、消费频率以及审美观点，了解该商品的包装流行现状与趋势。具体操作时可以通过询问销售代理商、一线销售人员、消费者等来完成资料收集。

2. 对同类产品（尤其是竞争品牌产品）进行仔细的调查研究

商场如战场，知己知彼才是获胜关键。设计师要仔细记录同类产品包装的材料构成、功能特点、结构特点、设计风格、销售情况等，总结它们的优点与不足，冷静分析，努力找出该类产品包装的设计共性。分析出的设计空白区域可能是突破点，也可能是雷区，需要再进行认真分析。只有在包装设计共性（见图 7–1）中发挥设计师的个性，所设计的包装才能立于不败之地。

图 7–1　同类产品设计共性

3. 对产品旧有包装进行仔细研究

如果是改良型包装设计，就必须对该产品的旧有包装进行仔细的研究，不仅要分析是哪些因素使旧包装不再符合市场需要（以便在新的设计中避免发生同样错误），还要在新设计中延续旧设计中的闪光点（以便尽可能保留旧有包装的市场影响力与消费群）。这也可以通过对同类型商品包装的全方位分析来实现。

4. 针对消费人群进行调查（市场调研的核心）

面对越来越丰富的商品，消费者表现得越来越理性和冷静，要想设计出来的包装能快速吸引消费者，设计师需要充分考虑设计的人性化处理。如果设计师单凭个人意向盲目地设计作品，不去考虑消费者的需求与感受，则只能落个曲高和寡，很难实现预想的市场效应。调查可以集中在消费人群的年龄、性别、生活习惯、趣味爱好、文化程度、消费能力、购买频率、购买动机等方面。

5. 注意市场动向与社会审美趋势

设计师应了解整个市场存在的机会点和契合点，加以利用，以达到促进销售的目的，比如在商品投放市场期间，了解有没有重大的社会活动可以为自己的产品造势，再如预测目前的社会审美趋向会不会改变以及可能向哪个方向改变等。具有一定的审美趋向预见性，是一个优秀设计师应该具备的本领。

6. 分析设计可行性

设计师除了要对市场调研信息资料进行归纳分析外，还要对现有的生产技术条件、制作材料、印刷工艺、防护技术、辅助部件等进行了解，确定包装容器设计的基本方式，分析设计的可行性，以免纸上谈兵，与实际生产脱节。这种可行性分析将关系到包装容器设计的方向、设备投资、材料选用、工艺技术管理等。

二、设计定位

包装容器设计定位即根据商品特点、营销策划目标及市场情况所制订的战略规划，旨在传达给消费者一个明确的销售概念。设计师要把市场调研得到的数据进行综合分析，结合商品的各种信息进行整体的设计定位，这对日后的设计方向来说至关重要。设计定位法则始于20世纪70年代，是指将创意中的发散性思维加以具体化。定位的准确性非常重要，因为以下每一步设计都将依据定位展开。根据设计流程，可以分三大步骤完成定位工作，即品牌定位、产品定位和消费者定位。

三、创意构思

创意构思是指对市场调研得到的资料进行归纳，结合客户要求和企业营销策略，确定产品包装设计策略，作为后期创意构思的指导性原则。具体操作时，须将分析得到的要素逐一列出，以作为设计创意构思时的参考。对于设计师来讲，资料的归纳越详尽、越准确、越具体，就越能提高设计工作效率。

创意构思的核心在于考虑设计重点、设计手法、设计形式和设计角度。其中，设计重点是对商品、销售、消费三个方面的相关资料进行比较，进而确定出包装设计需要表现的重点。设计手法是从整体设计高度进行审视，选择商品的外在表现或内在层次来进行设计。设计形式则是具体的设计语言，即视觉传达部分。设计角度是确定表现形式后的深化，即找到主攻目标后还要有具体、确定的突破口。创意构思的四个环节是包装创意策略形成过程中的重要依据，其中每一个环节出现误差都会影响整个设计进程。

第三节　包装容器设计阶段

一、草图绘制

草图是构思阶段的物化，是抽象化思考向具象化图解思考的迈进，是对全部资料进行充分分析后确立的造型设计目标。草图在对设计进行推敲整理过程中，起到表达和记录的作用。草图一般从浅到深，分成3个层次，即记录草图、思考草图和概念草图。

1. 记录草图

记录草图是感性、随机并充满激情的，是设计师潜在思维最原始的表现。零散而不准确的记录草图虽然有些杂乱无章，似乎有些不切实际，但是，把灵感火花准确地记录下来非常重要，每一个貌似零散的记录都蕴含着深入设计的可能性。这些构思的原始雏形可以帮助设计师拓展思路，衍生出更高层次的方案，是草图的初级阶段。人的灵感稍纵即逝，故绘制记录草图要求速度快，不需要考虑太多细节，往往还会即兴加入局部放大图，记录下设计的思维闪光点，用于积累灵感，扩宽思路。

记录草图如图 7–2 和图 7–3 所示。

2. 思考草图

思考草图是记录草图的升华，从记录草图中挑选出最具生命力和发展潜力的元素来进行设计及绘制。需要画出多个推敲过程小草图，逐步增加细部思考，并把设计想法表达出来，遵循从整体到局部再到整体的原则。思考草图是草图的中级阶段，是设计师智慧和美感的结晶，需要扎实的绘画功底和丰富的设计经验作为支撑。思考草图中的设计尺寸不宜太大，因为小尺寸易于绘制，可方便把握造型的重点。一般选取包装容器最佳透视点来进行思考草图绘制，轻松随便，不拘于形式，快速、简洁、概括地表达包装容器的基本特征和信息即可。

思考草图如图 7–4 和图 7–5 所示。

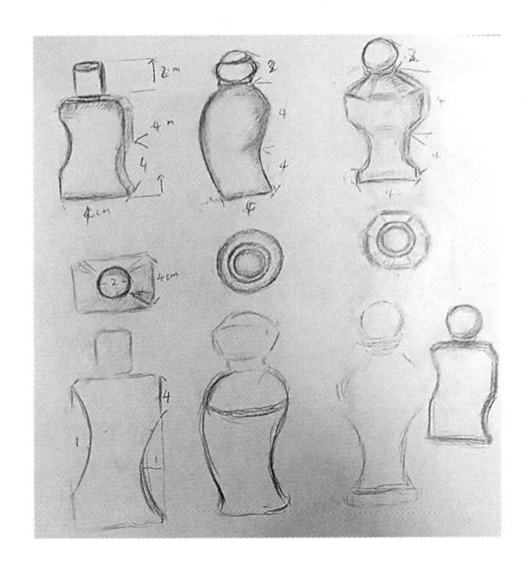

图 7–2　记录草图①

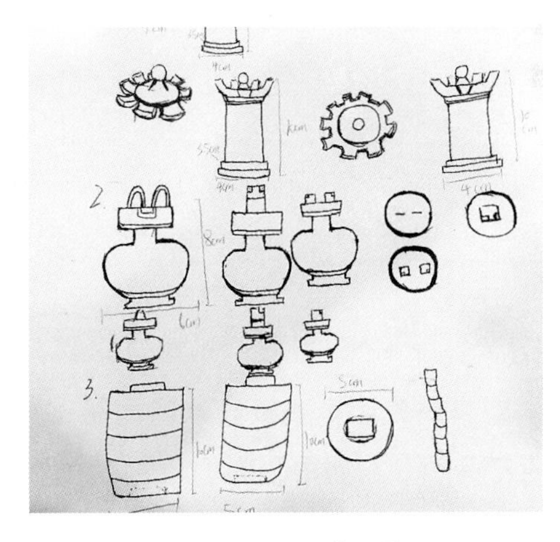

图 7–3　记录草图②

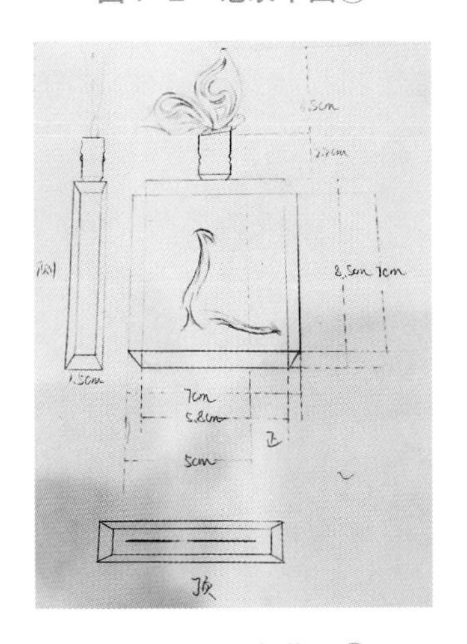

图 7–4　思考草图①

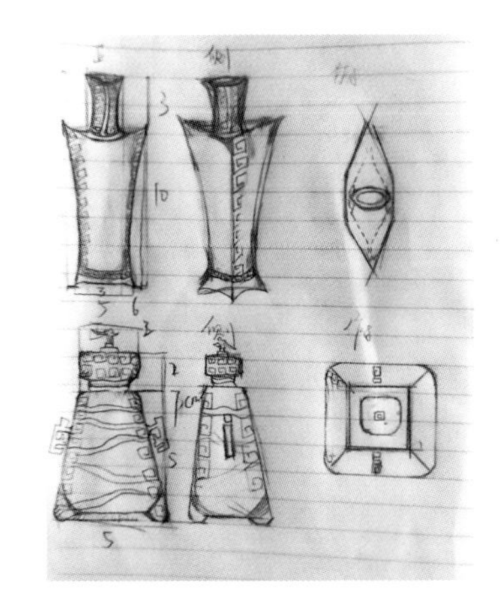

图 7–5　思考草图②

3. 概念草图

当思考草图中的元素达到饱和以后，以实际工艺技术和经济原则为依据，择优筛选，对优秀方案开展较清晰的完善和深入，即可绘制出概念草图。概念草图是草图的终极阶段，是设计师智慧的延伸，是经过若干次的提炼和概括后的作品。概念草图绘制相对细致，可以针对包装容器的造型结构从多个角度来进行，根据具体情况可以适当上色。概念草图可以用来与设计团体中的其他成员沟通交流，因不是最终效果，依旧处于尝试与探索之中，所以应尽量使用徒手绘画以即时修改，不必过于强求工整完美。设计方案的概念草图根据不同的要求需要有 3 ~ 5 张以备挑选。

概念草图如图 7-6 和图 7-7 所示。

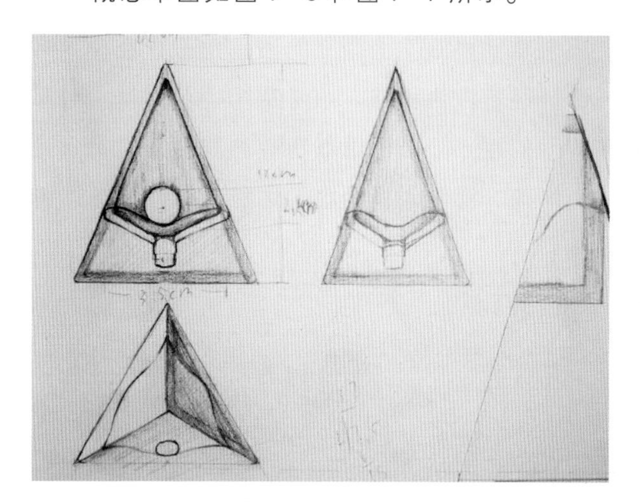

图 7-6　概念草图①

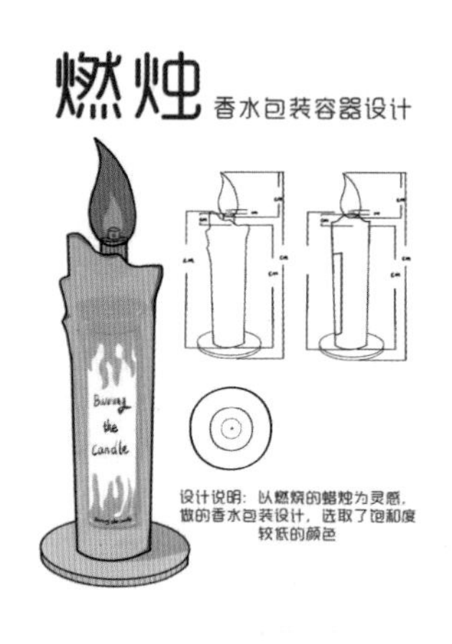

图 7-7　概念草图②

二、效果图绘制

绘制效果图是在概念草图的基础上，以透视图为构架，运用各种表现技法对所要开发的产品包装容器的形态、色彩、材质等造型特征，进行综合设计表现的手段。效果图需要真实、准确、清晰地表达产品包装容器设计特征以备客户审查。在效果图中要求对包装容器的色彩、文字、造型、质感、空间感等进行综合绘制，并且运用美学原理和艺术手法进行总体规划和处理，有效突出产品特性，提高画面的质量和视觉效果。效果图比三视图更直观、具体，可以使人对设计对象的特点和状况一目了然。

效果图如图 7-8 和图 7-9 所示。

三、完善设计

在包装容器效果图经过客户的初步审查后，设计师需要听取修改意见与要求，对初步设计进行有针对性的改良再设计。改良完善设计的目的是使商品畅销并取得预期的经济效益。初步设计经过改良并定稿后，可绘制出包装容器最终效果图。在最终效果图中可适当绘制背景，并进行装裱。

完善设计后的最终效果图如图 7-10 所示。

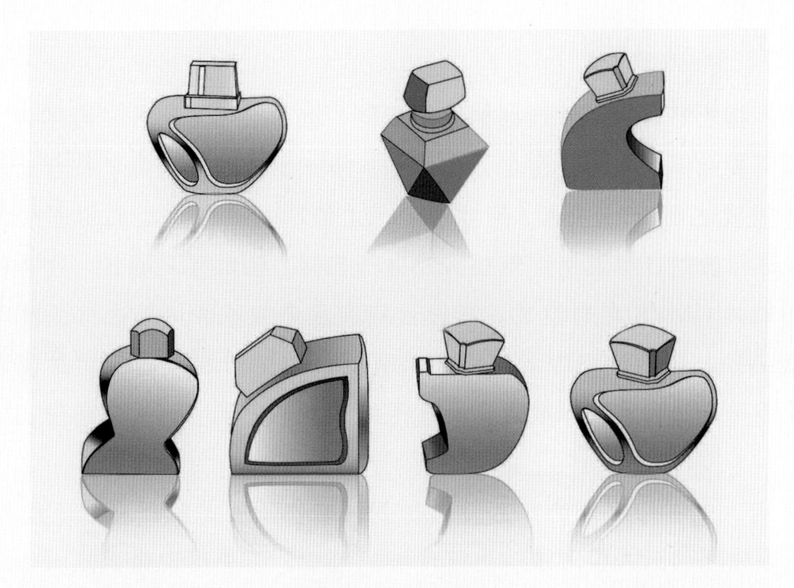

图 7–8　效果图①

图 7–9　效果图②

图 7–10　完善设计后的最终效果图

四、产品详图绘制

产品详图是指能够详细展示产品构造的图样，如包装展开图、三视图等。

纸盒包装需要绘制包装展开图，如图 7–11 所示。该展开图需要符合印刷的要求，一般来说分辨率需要达到 300 像素 / 英寸以上，才能印刷出精美柔和的连续色调。应严格按照实际尺寸进行设定，尽量使用无损格式进行存储，例如 TIF 格式。在存储时色彩需要转换成适合印刷的 CMYK 色彩模式。在设计稿有底色或图像达到边框的情况下，色块和图片的边缘线必须外扩到裁切线以外约 3 mm 处，以免印刷件在裁切时误切，俗称预留出血。印刷前还常设置套准线，放置在展开图的四角，呈十字形或丁字形，主要为了使套印准确。

因为关系到大批量印刷生产，包装展开图的制作需要非常严谨，不能抱有任何的侥幸心理，一般须按照“三人校对法”进行仔细的检查，以免出现错误。

硬质包装容器造型设计在付诸生产前，应该绘制工程制图（也称三视图），以便加工制造。包装容器三视图是表达设计意图的特殊语言，是以投影图原理绘制的设计图（即正式图样，供审查和试制包装容器样品用）。对于复杂的部位还要进行单独的绘制和注解说明，十分复杂的造型设计甚至要绘制包括容器正视图、左侧视图、右侧视图、仰视图、俯视图在内的五视图。包装容器造型的工程制图中要具体绘出细节结构关系，制图应该符合国家标准，必须准确标明各部位的高度、长度、宽度、厚度、弧度、角度等数值。

硬质包装容器三视图如图 7–12 所示。

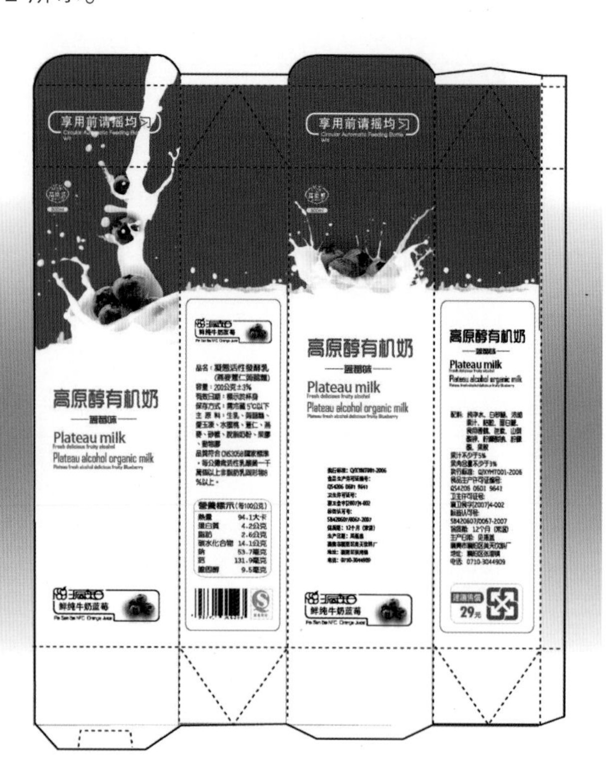

图 7–11　纸盒包装展开图

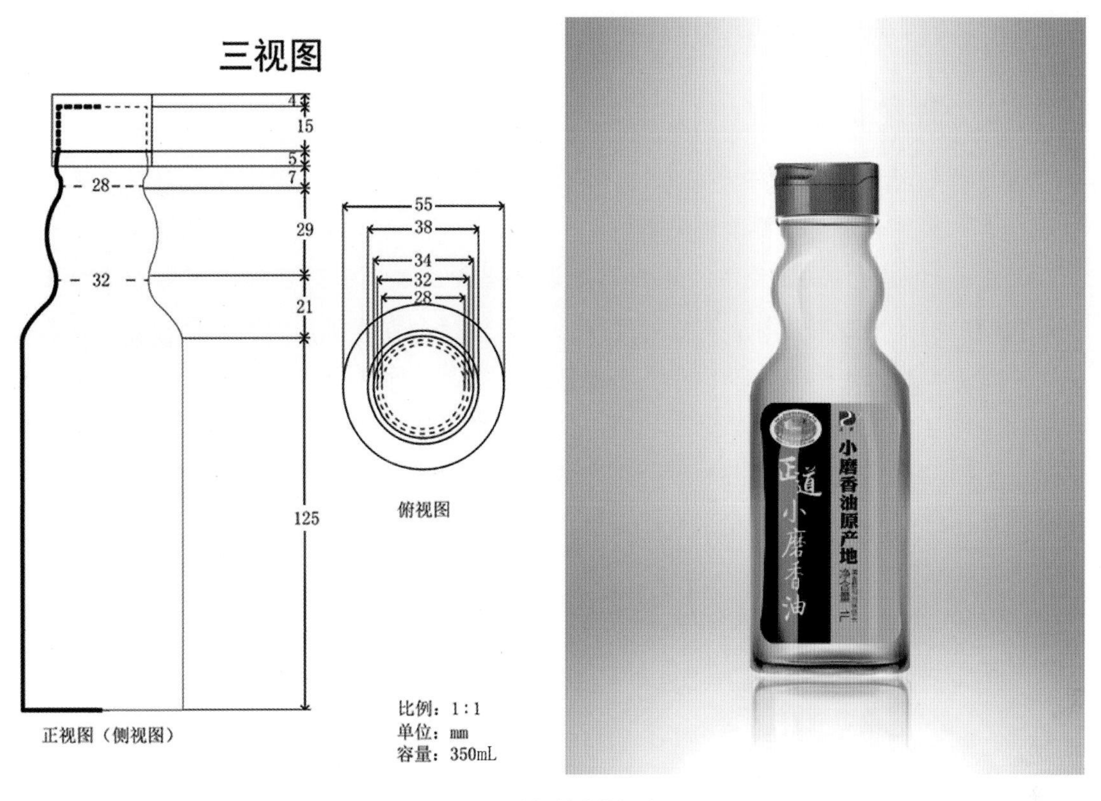

图 7-12　硬质包装容器三视图

第四节　包装容器生产阶段

在设计项目得到客户的最终认可以后，设计师需要根据认可的结果制作出全部所需的电子文件，将其部分移交给专业生产人员，最终完成批量化包装成品生产。设计师通常需要参加首次生产的检测，即设计师到生产现场与包装制作人员会面并审阅首次生产制作工作以明确各项规格要求，之后设计课题宣告结束。

在包装容器的生产阶段，设计师通常需要提供生产准备材料（一般形成生产检查清单）和进行信息反馈。

一、生产检查清单

在为包装生产准备材料的过程中，设计师应提供以下材料或信息：设计的电子文件，所有字体格式或字库原件，色彩校样，色彩的规格要求，所有符合要求的图像文件，印刷层次的特殊说明，有关高亮涂层、紫外线无光涂层等特殊技术的具体要求，模切或开窗部位的要求，其他有关的特殊装饰工艺的具体要求等。

二、信息反馈

设计师在看到包装被生产出来后，应反思整个设计流程，有没有出现不应该存在的纰漏，设计成品有没有需要改进完善的部分，自己的设计思维有没有得到提高等。

有关设计程序的关键点为：根据市场调查描绘出各项战略目标的图景，了解该产品或品牌的各项长期战略目标，对设计操作的时间进行合理安排，询问各种相关问题，杜绝固定思维，分析该产品及产品门类的各种特征，参考所有关键人员的意见，循序渐进地开展设计工作；保持包装展示面的层次感，考虑体现环保精神的设计方案，始终把自己放在消费者的角度进行设计，将各种设计方案放在实际销售环境中进行评估，为设计项目的批量化生产留下伏笔；能够对整个设计进行定位和解释，并提供一套合理的逻辑依据，提交完美的设计模型。

课后习题

1. 完成以下学习任务。

任务目标：

①虚拟一个设计任务，并针对这个任务类型进行市场调查，分析归纳该领域包装容器的用材、工艺、造型、标签、外包装、展示、使用等基本情况，并对造型进行重点分析，得到该类型包装造型的设计共性。

②为虚拟任务进行设计定位，并作出草图。小组讨论后进行效果图、详图的绘制。最后完成1：1的包装容器模型制作。

任务要求：资料来源必须真实可靠，所调查的品牌必须具有代表性；定位分析准确，效果图和工程图绘制符合工艺要求；包装容器模型制作精密，可以代表未来批量化生产的包装实物。

任务评价标准：所有的设计流程到位，所设计的作品符合社会需求，符合虚拟任务领域的实际情况，作品具有较高的美感和前瞻性。

2. 收集各个时期的包装容器图片，进行分析，体会不同时期的工艺、造型、用材的不同，正确认识设计领域的思维更新。

第八章
作品欣赏

本章收录了武昌理工学院艺术设计学院视觉传达设计专业自创办以来的优秀包装容器造型设计作品，其中部分作品曾获得中国包装创意设计大赛奖项、NCDA全国高校数字艺术设计大赛奖项、“米兰设计周·中国高校设计学科师生优秀作品展”奖项以及“中国原创包装设计奖”“中国之星设计奖”“CADA国际概念艺术设计奖”“中国大学生广告艺术节学院奖”等奖项。

第一节　获奖作品欣赏

（1）“送端阳”“双黄吉祥”端午系列礼盒包装容器造型设计如图8-1所示。设计者：曹世峰。

图8-1　“送端阳”“双黄吉祥”端午系列礼盒包装容器造型设计

（2）悟道·武当道茶系列包装容器造型设计如图 8–2 所示。设计者：曹世峰。

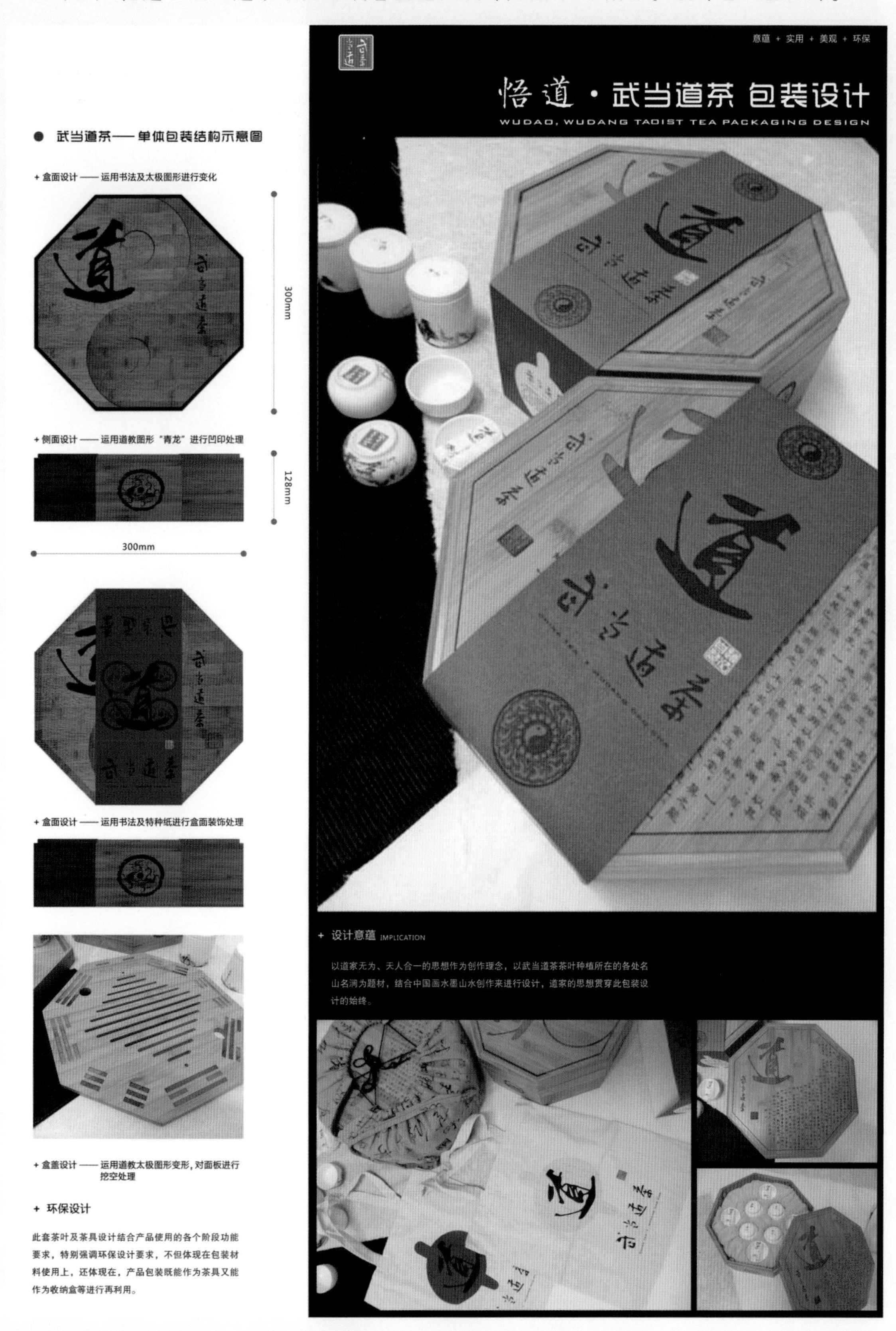

图 8–2　悟道·武当道茶系列包装容器造型设计

（3）“品味·传统”阳新布贴非遗创意应用包装设计如图 8-3 所示。设计者：曹世峰。

图 8-3　“品味 · 传统”阳新布贴非遗创意应用包装设计

（4）“香溢”花果茶系列包装容器造型设计如图8-4所示。设计者：白燕荣。指导教师：曹世峰。

图 8-4　“香溢”花果茶系列包装容器造型设计

（5）皖中六安瓜片系列包装容器造型设计如图8-5所示。设计者：刘薇。指导教师：曹世峰。

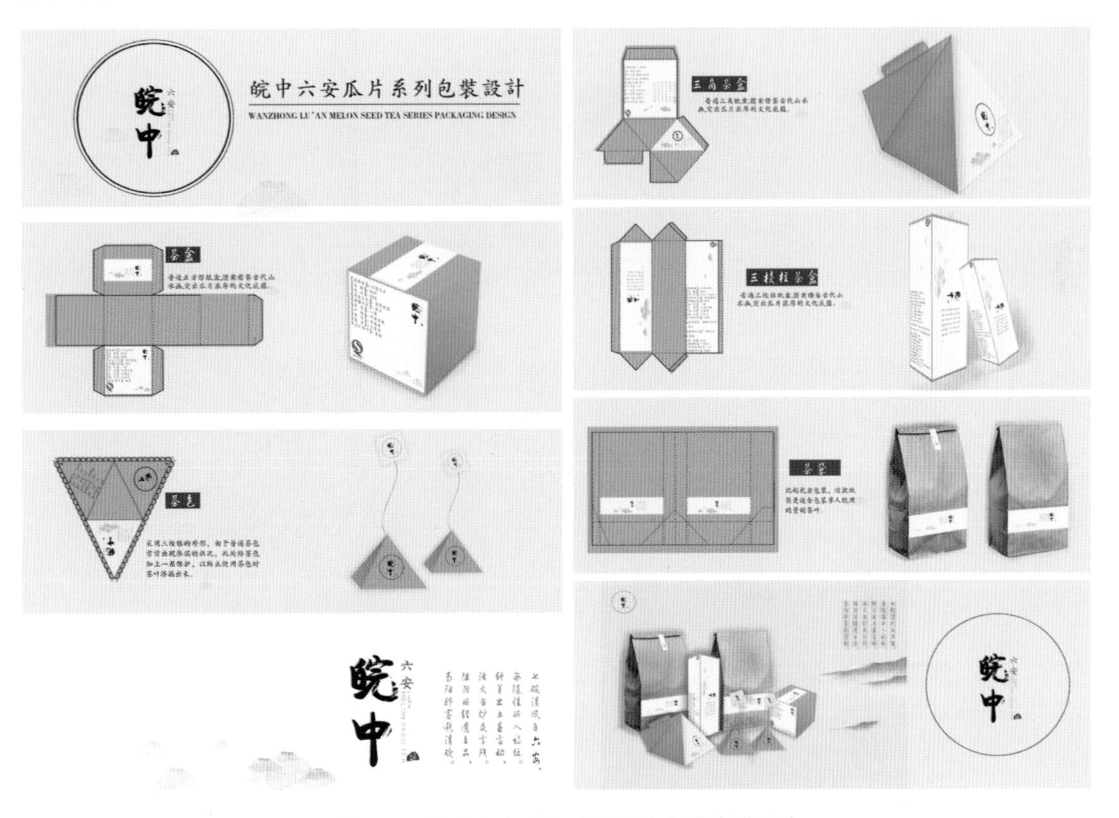

图 8-5　皖中六安瓜片系列包装容器造型设计

（6）“乐享椰”椰汁系列包装容器造型设计如图 8–6 所示。设计者：方宇钦。指导教师：曹世峰。

图 8–6　“乐享椰”椰汁系列包装容器造型设计

（7）“ye 不椰小镇”椰汁包装容器造型设计如图 8-7 所示。设计者：余书涵。指导教师：曹世峰。

图 8-7 “ye 不椰小镇”椰汁包装容器造型设计

（8） 馥郁沙棘汁包装容器造型设计如图 8-8 所示。设计者：李昱德。指导教师：曹世峰。

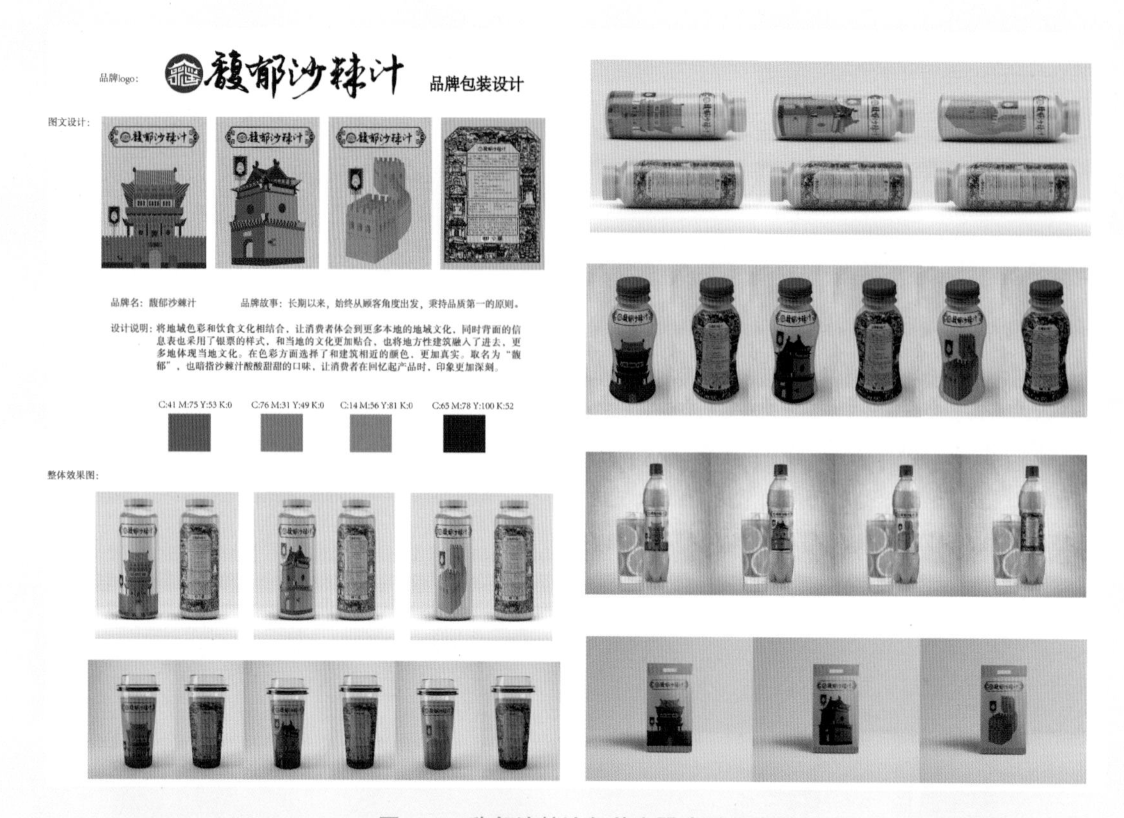

图 8-8 馥郁沙棘汁包装容器造型设计

（9）“拾茶”包装容器造型设计如图 8-9 所示。设计者：凌汉昌。指导教师：曹世峰。

图 8-9 “拾茶”包装容器造型设计

第二节 其他优秀设计案例欣赏

（1）“三十七度二”咖啡包装容器造型设计如图 8-10 所示。设计者：甘雨莎。指导教师：曹世峰。

图 8-10 “三十七度二”咖啡包装容器造型设计

（2）“食艺琼州”品牌包装设计如图 8-11 所示。设计者：施媛。指导教师：曹世峰。

图 8-11 “食艺琼州”品牌包装设计

（3）“小食工匠”品牌包装设计如图 8-12 所示。设计者：於佳豪。指导教师：曹世峰。

图 8-12　“小食工匠”品牌包装设计

（4）“紫记陈酿”品牌包装设计如图 8-13 所示。设计者：柴亮。指导教师：曹世峰。

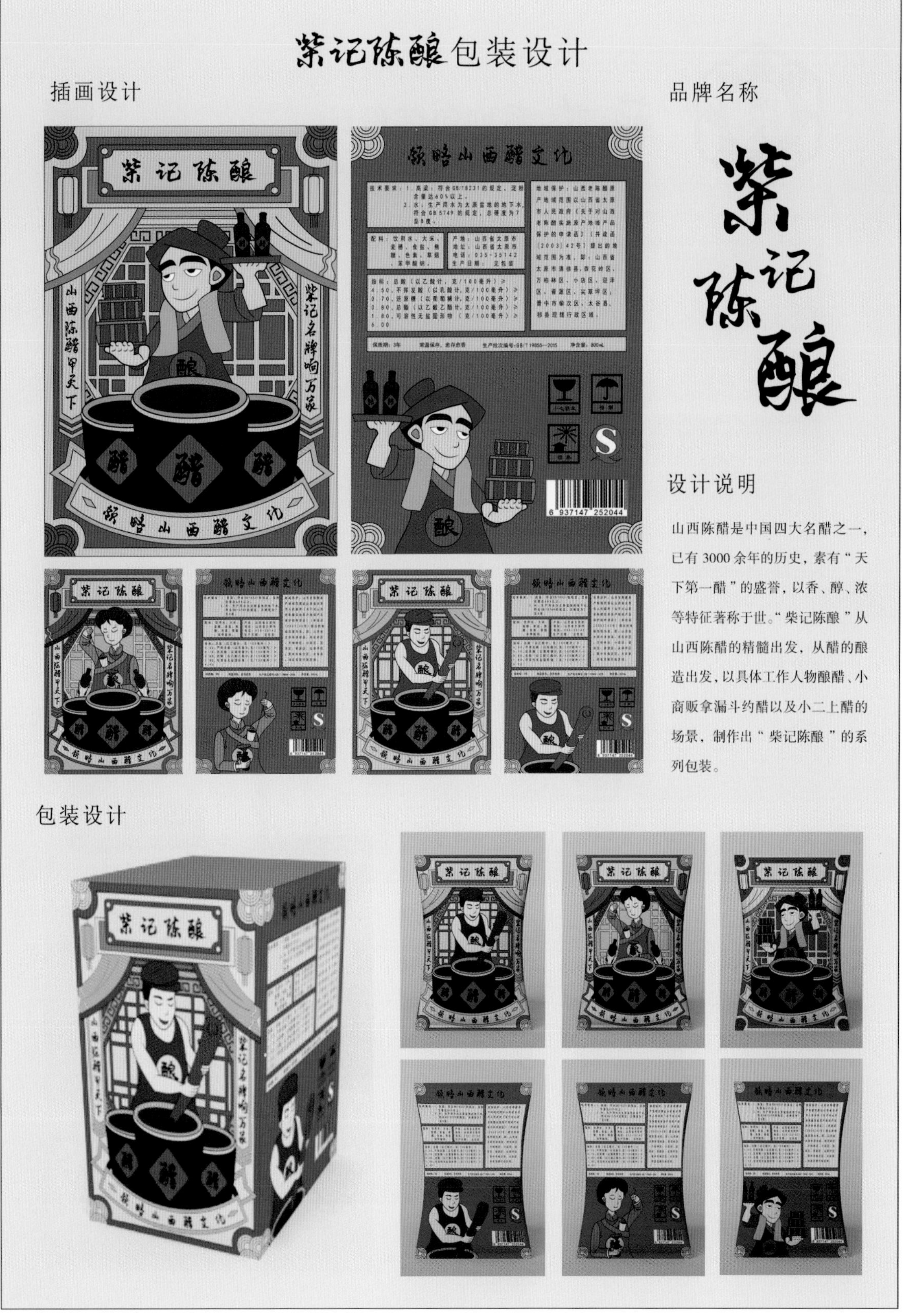

图 8-13 “紫记陈酿”品牌包装设计

（5）“蕲艾”系列包装容器造型设计如图 8-14 所示。设计者：刘家伟。指导教师：曹世峰。

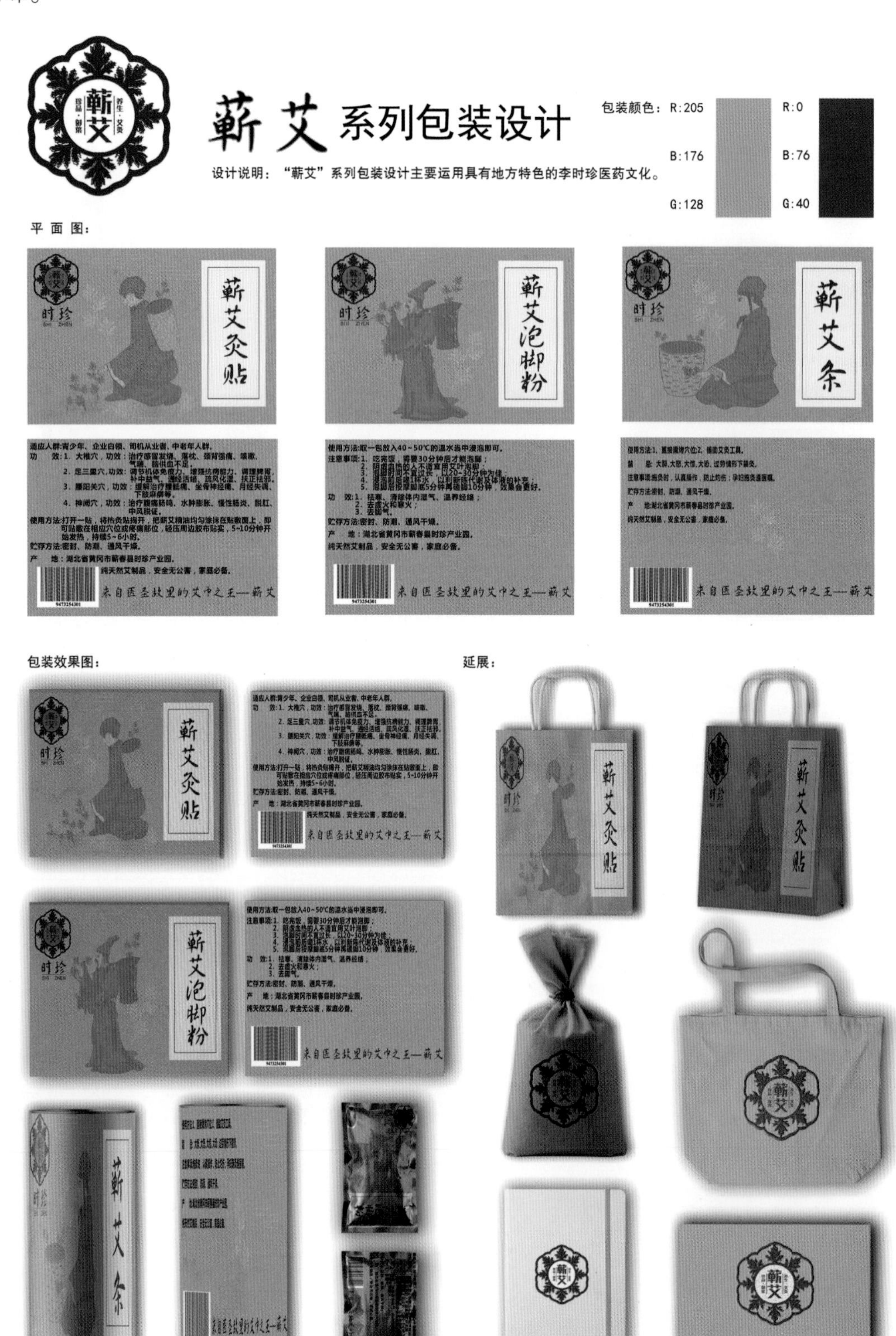

图 8-14 “蕲艾”系列包装容器造型设计

（6） “东叔米酒”包装容器造型设计如图 8-15 所示。设计者：袁创。指导教师：曹世峰。

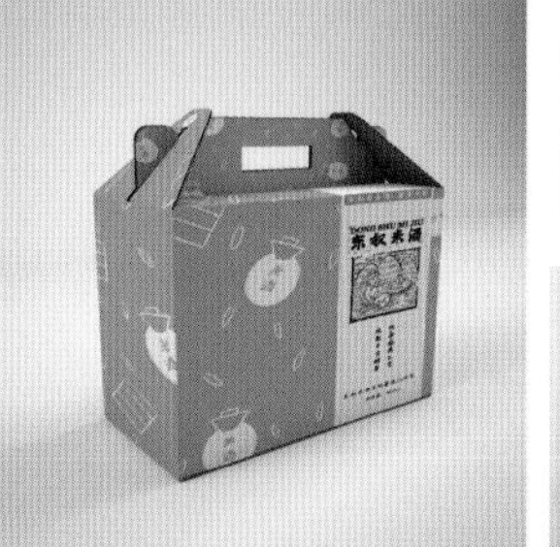

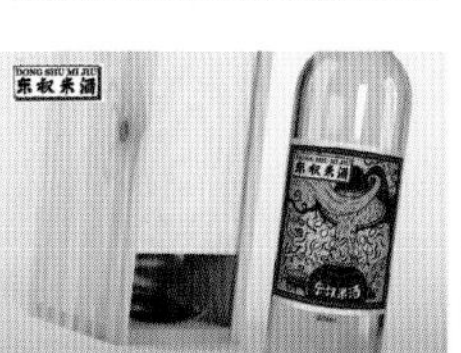

图 8-15 “东叔米酒”包装容器造型设计

参考文献

[1] 王炳南．包装设计 [M]．北京：文化发展出版社，2016.

[2] 何洁，等．现代包装设计 [M]．北京：清华大学出版社，2019.

[3] 柯胜海．中式元素视觉传达——包装设计 [M]．沈阳：辽宁科学技术出版社，2020.

[4] 江奇志．包装设计：平面设计师高效工作手册 [M]．北京：北京大学出版社，2019.

[5] 杨朝辉，王远远，张磊．视觉传达设计必修课——包装设计 [M]．北京：化学工业出版社，2019.

[6] 刘燕．包装装潢设计 [M]．北京：国防工业出版社，2014.

[7] 鞠海．包装结构 [M]．沈阳：辽宁科学技术出版社，2009.

[8] 刘晓艳，李彭，陈静．塑料包装容器设计 [M]．北京：印刷工业出版社，2015.

[9] 唐丽雅，王月然．包装容器设计 [M]．合肥：合肥工业大学出版社，2017.

[10] 张小艺．纸品包装结构创意与设计 [M]．北京：化学工业出版社，2019.

[11] 宋宝丰，谢勇．包装容器结构设计与制造 [M]．2 版．北京：文化发展出版社，2016.

[12] 刘秀伟．包装设计教程 [M]．北京：化学工业出版社，2021.

[13] 牛笑一，蔡汉忠．包装设计与工艺设计 [M]．北京：中国纺织出版社，2018.

[14] 杨振贤，李方，潘学松．3D 打印：从全面了解到亲手制作 [M]．2 版．北京：化学工业出版社，2021.

[15] 朱红，易杰，谢丹．3D 打印技术基础 [M]．2 版．武汉：华中科技大学出版社，2021.

[16] 徐筱．纸包装结构设计 [M]．北京：高等教育出版社，2019.